鉤針花樣可愛寶典

130 款女孩最愛的花樣織片
&拼接小物28件

Contents

Chapter 1

方形花樣織片

Square

以端正簡潔為最大魅力的方形花樣織片。
使用方便，易於拼接，
是最適合初學拼接織片的練習作。

How to make --- P.90

motif
40

杯墊

簡單鉤織，使用方便的杯墊。

鉤織一片即可使用，這就是花樣織片最大的優點。

亞麻線鉤織的杯墊，一年四季都適用！

Design: nagi　　Yarn: Hamanaka Flax K

motif
03

Design: 伊藤りかこ　　Yarn: Hamanaka Sonomono Suri Alpaca

桌巾

How to make --- P.92

以20片細線鉤織的小型織片拼接而成。
因線材特性展現出懷舊氛圍的桌巾。

地墊

How to make --- P.93

將不同顏色的花樣織片
規律性的並排，拼接成棋盤狀。
花樣與織片數都和P.6一樣，
只是改以粗線鉤織，
就成了大尺寸的地墊。

motif
03

Design: 伊藤りかこ　　Yarn: Hamanaka Mens Club Master

彈簧口金波奇包

How to make --- P.91

彈簧口金波奇包，

可說是最適合使用拼接織片製作的作品。

以圓潤甜美的黃色立體花朵展現可愛氛圍。

motif
22

Design: 夢野 彩　　Yarn: DMC Woolly

Design: 夢野 彩　　Yarn: Hamanaka 純毛中細

鉤針收納包

How to make --- P.94

使用印象鮮明的藍底白花織片拼接而成。
重要的鉤針，就以造型可愛的鉤針包，
好好的收納起來吧！

motif
13

Design: 夢野 彩   Yarn: DMC Woolly

扁包

How to make --- P.96

兩種顏色的方形織片以菱形角度交錯並排。

只是改變拼接的配置，就能完成不同感覺的作品。

抱枕套

How to make --- P.97

充滿北歐風情的配色,洋溢可愛卻穩重的大人風格。

令人印象深刻的大花織片,

一定會成為房間裡最吸睛的裝飾。

motif
28

Design: 遠藤ひろみ　　Making: 田中利佳　　Yarn: Daruma 手織線 近似天然羊毛的 Merino Wool・Merino Style 並太

Design: 夢野 彩   Yarn: Puppy Queen Anny

膝上毯

How to make --- P.98

宛如色彩圖表般繽紛的花樣織片十分吸引目光。
僅挑選偏愛的顏色鉤織拼接亦可。

花樣織片的收針&漂亮收針藏線的方法

以引拔方式收針　花樣織片的鉤織終點大多以引拔針結束。

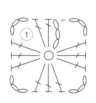

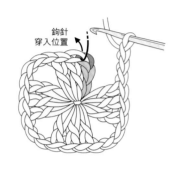

鉤針穿入位置

1 鉤針穿入該段鉤織起點的立起針（圖為鎖針第3針的半針與裡山），掛線後引拔。

2 完成引拔後的模樣。結束這一段的鉤織。

漂亮收針藏線的方法　鉤織終點以毛線針來收針，即可完成漂亮平整的織片。

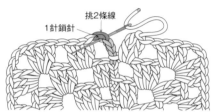

挑2條線

1針鎖針

1 鉤織最後1針（此為長針），預留約10cm後剪線，接著直接將織線從掛在針上的線圈鉤出。

2 縫針穿入織線，由外往內穿過本段第2個針的針頭（此為立起針下一個鎖針的表面2條線）。

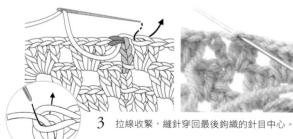

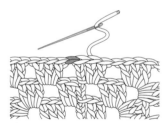

1針鎖針大小

3 拉線收緊，縫針穿回最後鉤織的針目中心。

4 拉線，將縫線收成1針鎖針大小。這1針會重疊在本段第1個針目的針頭上。

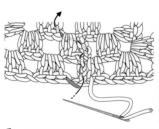

5 織片翻至背面，在不影響正面美觀的前提下，縫針朝著織片中心穿入針目。

鉤織終點亦可以引拔方式收針

最後鉤引拔針當然也OK。只是以引拔方式收針時，鉤織起點與終點不容易接合得很自然，以手縫方式完成會比較漂亮。

需要大量鉤織小型花樣織片，或織片稍後還要進行緣編的狀況，建議採用引拔針收針，可以比較迅速地完成。

網狀編每段的鉤織終點＆下段的鉤織起點

以鎖針與短針鉤織如同山形的織法（網狀編）時，必須調整鉤織段的終點位置，以便下段起點能夠在山形中央挑針。

● 在山形中央鉤織終點

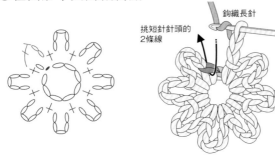

1 鉤織本段最後一個山形時，先鉤織指定的鎖針數（此為2針），再將鉤針穿入本段鉤織起點針目（此為短針）針頭的2條線，鉤織最後一個針目（此為長針）。

2 完成長針。本段鉤織終點在最後一個山形的中央。鉤織下一段的立起針，接著在長針針腳上挑束，開始鉤織。

漂亮收針藏線的方法

凡是網狀編之類，最後1針以鎖針接合的花樣織片，要將鉤織終點處理漂亮的鉤織重點，就是鉤織的鎖針數必須比記號圖的少1針，改以縫針穿入第1針，縫製1個針目。

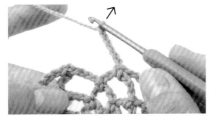

1 鉤織比指定針數少1針的鎖針（此為7鎖針的網狀編，因此鉤織6針），預留約10cm後剪線，然後直接鉤出織線。

2 毛線針穿入織線，再穿過本段鉤織起點針目針頭（此為短針）的2條線。

3 拉線收緊，縫針穿回第4段最後的鎖針中心。

4 拉線，將縫線收成1鎖針大小。這1針就成了本段最後1針。

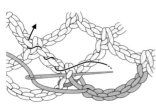

5 織片翻至背面，在不影響正面美觀的前提下，縫針朝著織片中心穿入前段針目，將剩下的縫線藏起。

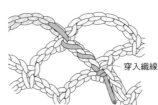

6 最後，如圖示將縫線穿入短針針腳2至3次再剪線。

How to make --- P.18,19

motif
01

motif
02

motif
03

motif
04

motif
05

Making: 伊藤りかこ　　Yarn: Hamanaka Exceed Wool FL〈合太〉

motif
06

motif
07

motif
08

motif
09

motif
10

［使用線］Hamanaka Exceed Wool FL〈合太〉　白色（201）
［使用針］4/0 號鉤針

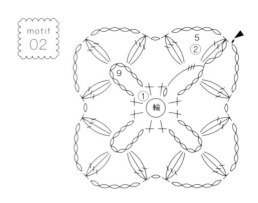

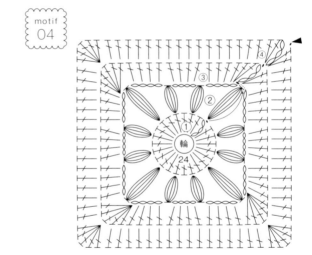

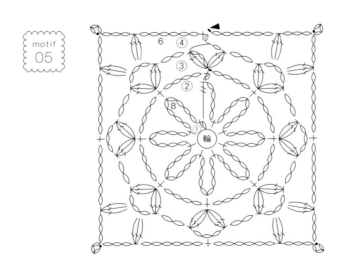

► ＝剪線

motif
06

motif
07

※第4段的短針，是將2・3段針目朝自己方向壓下，
挑第1段的短針鉤織。

motif
08

motif
09

motif
10

▷＝接線
►＝剪線

How to make --- P.22,23

motif
11

motif
12

motif
13

motif
14

motif
15

Making: 伊藤りかこ   Yarn: Hamanaka Exceed Wool FL〈合太〉

motif
16

motif
17

motif
18

motif
19

motif
20

［使用線］Hamanaka Exceed Wool FL〈合太〉 白色（201）
［使用針］4/0號鉤針

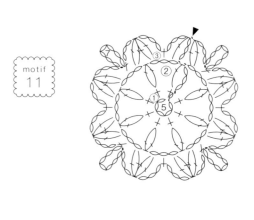

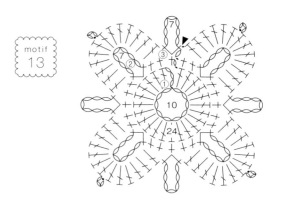

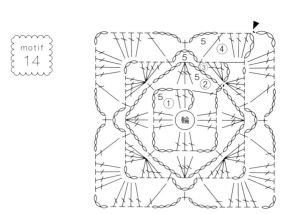

►＝剪線

motif
16

motif
17

motif
18

motif
19

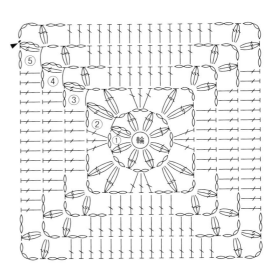

motif
20

► = 剪線

How to make --- P.26,27

motif
21

motif
22

motif
23

motif
24

motif
25

motif
26

motif
27

motif
28

motif
29

motif
30

［使用線］Hamanaka 純毛中細　白色（1）
［使用針］3/0號鉤針

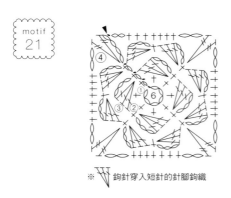

※ 鉤針穿入短針的針腳鉤織

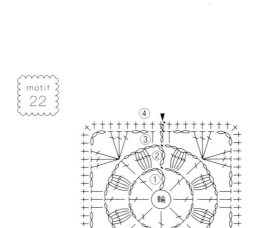

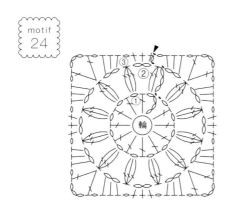

►＝剪線

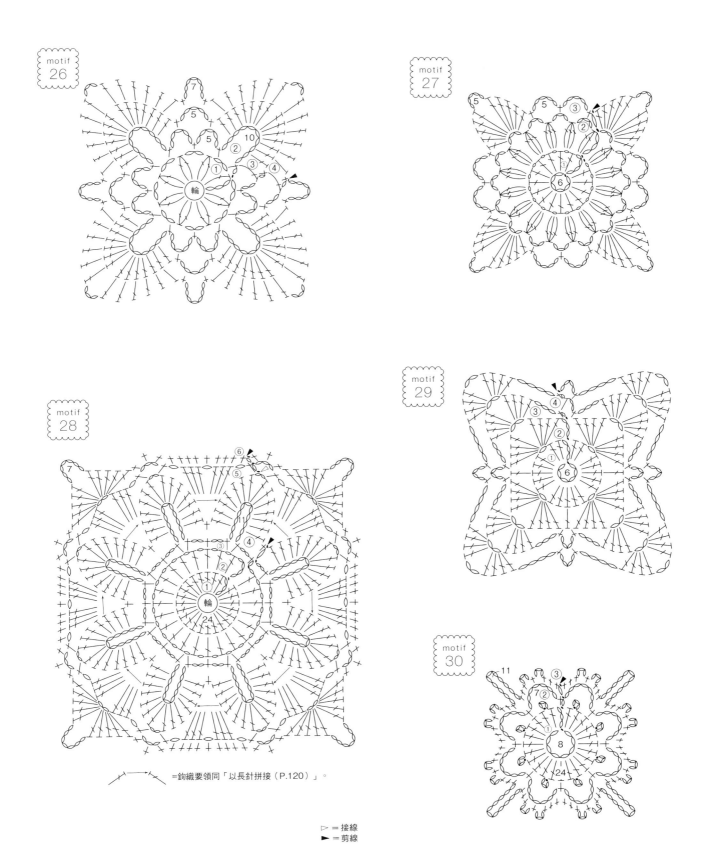

=鉤織要領同「以長針拼接（P.120）」。

▷ ＝接線
► ＝剪線

motif
31

motif
31

motif
32

motif
32

Making: 新川りお   Yarn: Hamanaka 純毛中細

motif
33

motif
33

motif
34

motif
34

拼接成大型織片後魅力倍增。
接合處還會自然形成新花樣。

［使用線］Hamanaka 純毛中細　白色（1）
［使用針］3/0號鉤針

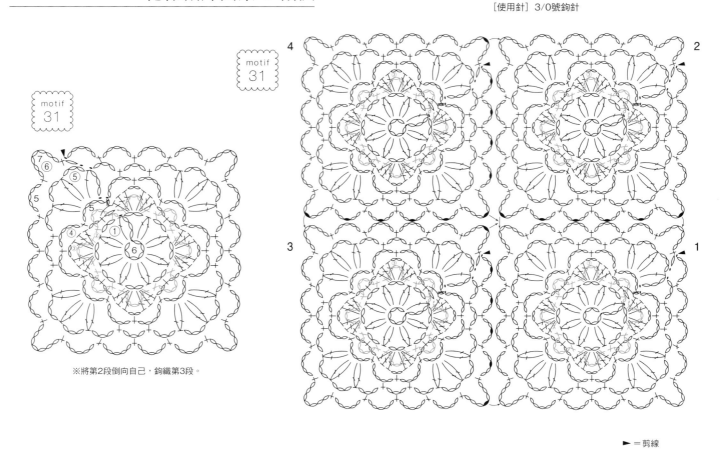

motif 31

motif 31

※將第2段倒向自己，鉤織第3段。

► ＝剪線

motif 32

motif 32

How to make --- P.34,35

motif
35

motif
36

motif
37

motif
38

motif
39

motif
40

加以配色後感覺又大不同。
盡情享受色彩繽紛的配色樂趣吧！

motif
41

motif
42

motif
43

motif
44

motif
45

motif
46

［使用線］Hamanaka Fairlady 50
［使用針］5/0號鉤針

motif 35

―=原色（2）
―=黃綠色（56）
―=奶油黃（95）

motif 36

―=灰色（48）
―=原色（2）
―=奶油黃（95）

motif 37

―=黃綠色（56）
―=原色（2）
―=水色（55）

motif 38

―=黃綠色（56
―=淺紫色（94
―=原色（2）
―=米黃色（60

motif 39

―=淺紫色（94）
―=奶油黃（95）
―=原色（2）

motif 40

―=原色（2）
―=淺粉紅色（53）

▷ = 接線
► = 剪線

motif 41

—=奶油黃（95）
—=米黃色（60）
—=原色（2）

motif 42

—=灰色（48）
—=淺紫色（94）
—=原色（2）

motif 43

＝鉤針在第2段的鎖針挑束，
再往下挑第1段的針目，
一邊包覆鎖針
一邊鉤織長長針。
接下來的長針，
則是挑長長針最底下
的針腳2條線鉤織。

—=淺粉紅（53）
—=原色（2）

※第2段是將第1段5鎖針的結粒針倒向自己，
鉤針穿過結粒針的輪，在第1段的長針之間挑束，
鉤織3長針的玉針。

motif 44

—=淺粉紅（53）
—=原色（2）
—=灰色（48）
—=奶油黃（95）
—=黃綠色（56）

motif 45

—=米黃色（60）
—=黃綠色（56）
—=原色（2）
—=灰色（48）

▷＝接線
▶＝剪線

motif 46

—=淺紫色（94）
—=原色（2）
—=奶油黃（95）

motif
48

motif
47

motif
47

motif
48

相同花樣的一枚織片，
與互換顏色後拼接，
只是這樣就呈現出截然不同的風情。

motif
49

motif
49

motif
50

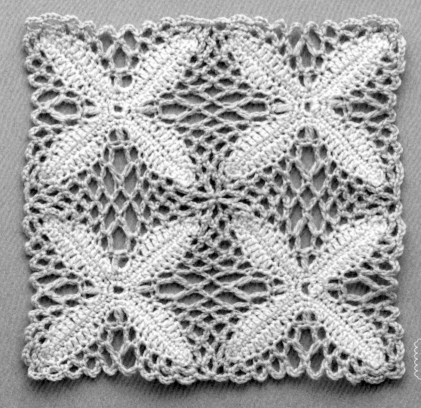

motif
50

[使用線] Hamanaka 純毛中細
[使用針] 3/0號鉤針

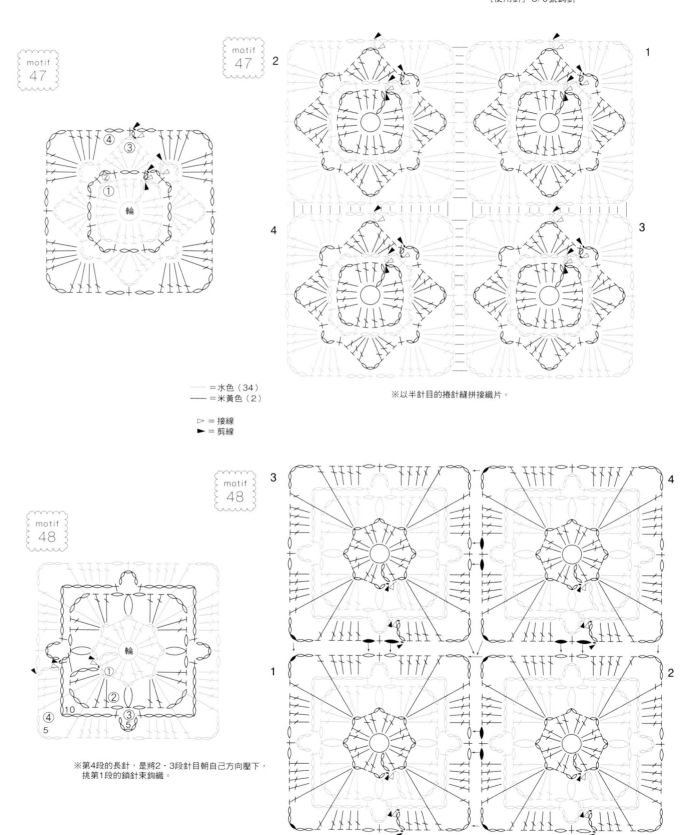

＝水色（34）
＝米黃色（2）

▷ ＝ 接線
► ＝ 剪線

※以半針目的捲針縫拼接織片。

※第4段的長針，是將2・3段針目朝自己方向壓下，
　挑第1段的鎖針束鉤織。

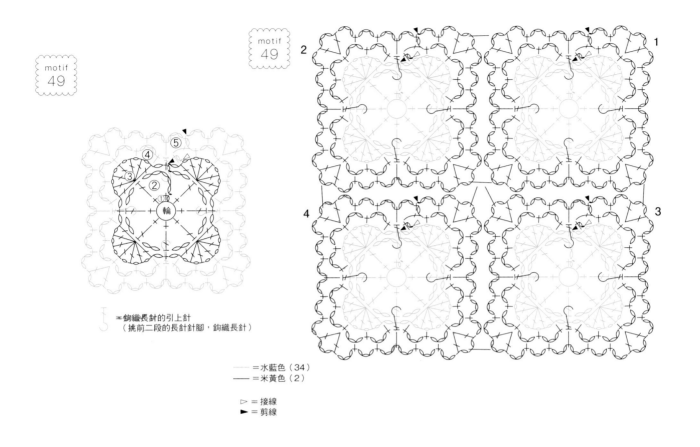

motif
49

＝鉤織長針的引上針
（挑前二段的長針針腳，鉤織長針）

―― ＝水藍色（34）
―― ＝米黃色（2）

▷ ＝接線
► ＝剪線

motif
50

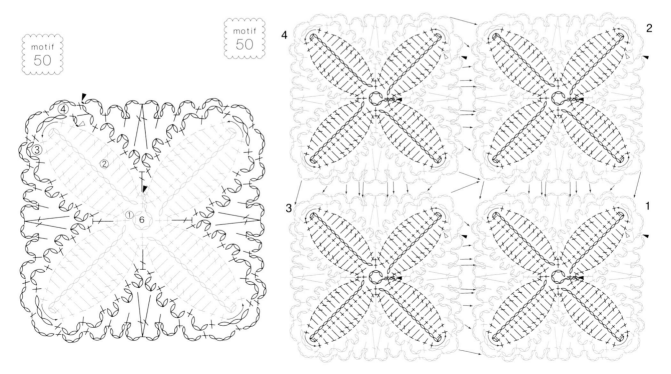

motif
25

瑪格麗特外套

How to make --- P.99

將色澤優雅的花樣織片
與大面積的地模樣組合在一起，
鉤織容易穿搭的瑪格麗特小外套。
只要在筆直鉤織的織片兩端穿入抽繩，
非常方便穿著的外套就完成了。

Design: 遠藤ひろみ   Making: 舘野加代子   Yarn: Rich More Mohair Hardi

Chapter 2

三角、六角、八角形
花樣織片

· · · · · · · · · · · · · · · · · ·
T r i a n g l e
H e x a g o n
O c t a g o n
· · · · · · · · · · · · · · · · · ·

從輪狀起針開始，精心計算針目的加針，
進而變化出各種形狀的花樣織片。
多角形的花樣織片拼接之後，
會自然而然的孕育出非常獨特的律動感。

迷你蓋布

How to make -- P.100

以三色旗配色的八角形花樣織片，
完成充滿懷舊氛圍印象的迷你蓋布。
織片間另行設計的花樣也充滿巧思。

motif
61

Design: 夢野 彩　　Yarn: Hamanaka 純毛中細

motif
52

Design: 遠藤ひろみ　　Yarn: Puppy British Eroika

熱水袋套

How to make -- P.101

以外國糖果般大膽豔麗配色的花樣織片拼接而成。
是寒冬裡最想隨身攜帶的有力夥伴。

手提包

How to make -- P.102

造型簡單素雅，
以短針鉤織而成的手提包，
套上織片拼接的腰封作為點綴。
只要鉤織各色不同的腰封，
即可像換裝一樣變換包包風格。

motif
60

Design：遠藤ひろみ　　Making：高山桂奈　　Yarn：Hamanaka Sonomono〈超極太〉、純毛中細

Design: 伊藤りかこ   Yarn: Rich More Bacara Pur < Fine >

梯形披肩

How to make -- P.104

將六角形花樣織片拼接成梯形。
因拼接而產生的新花樣也充滿樂趣。

motif
64

膝上毯

How to make -- P.105

織片中心使用三色輪流交錯，拼接而成的膝上毯。
決定從哪一段開始換色，也會改變整體氛圍。

motif
65

Design: 伊藤りかこ   Yarn: Hamanaka Fairlady 50

How to make --- P.50,51

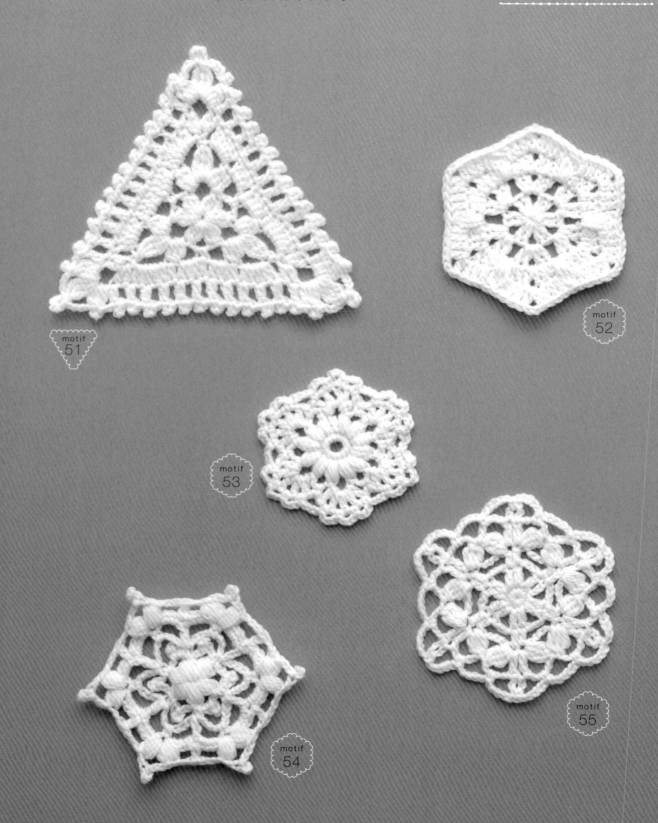

motif
51

motif
52

motif
53

motif
54

motif
55

Making: 伊藤りかこ　　Yarn: Hamanaka Exceed Wool FL 〈合太〉

motif
56

motif
57

motif
58

motif
59

motif
60

即使起針方式相同，
最終形狀還是千變萬化的花樣織片。

［使用線］Hamanaka Exceed Wool FL〈合太〉　白色（201）
［使用針］4/0 號鉤針

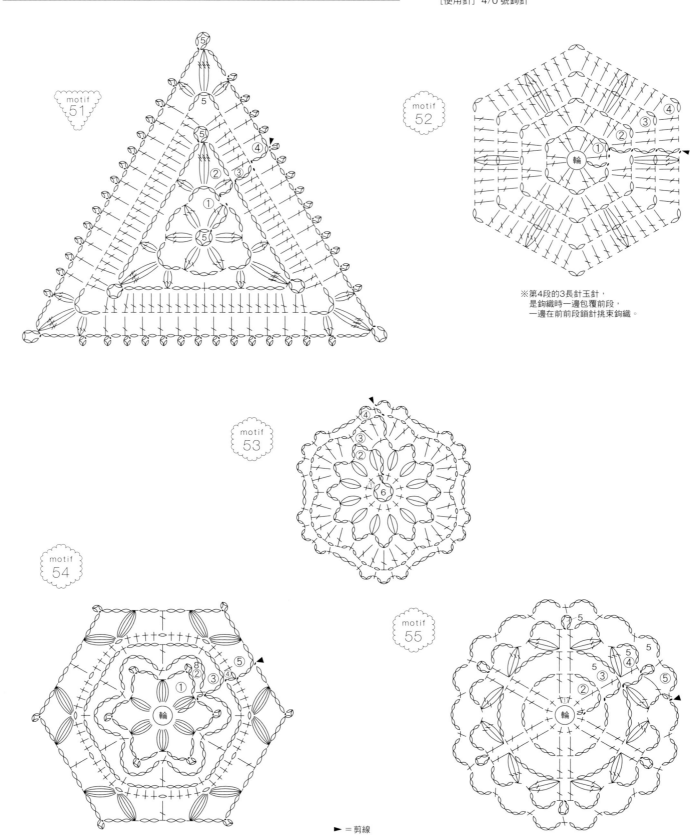

motif 51

motif 52

※第4段的3長針玉針，
　是鉤織時一邊包覆前段，
　一邊在前前段鎖針挑束鉤織。

motif 53

motif 54

motif 55

► ＝剪線

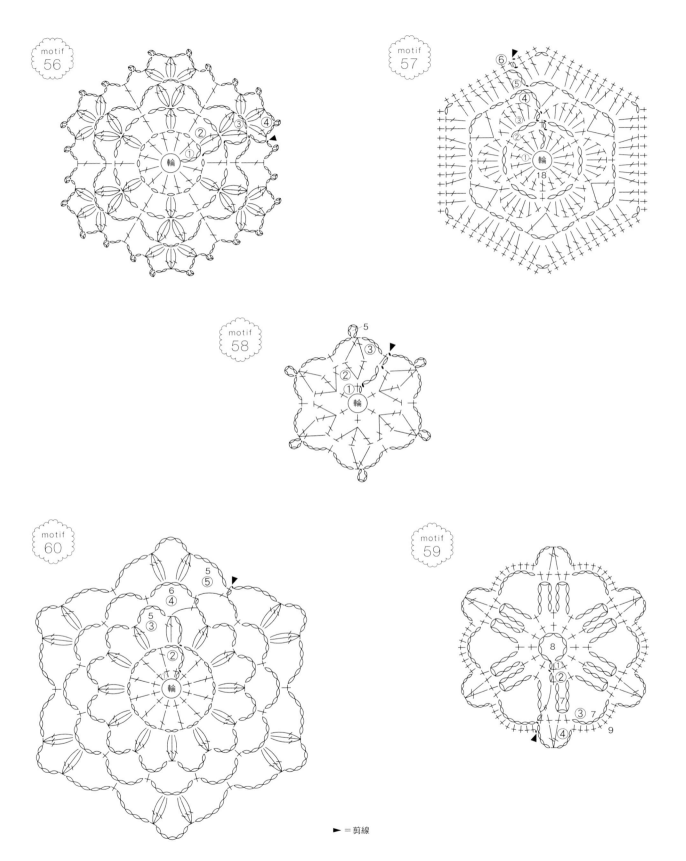

►＝剪線

How to make --- P.54,55

motif
61

motif
62

motif
63

motif
64

motif
65

motif
66

motif
67

motif
68

motif
69

motif
70

配色之後的花樣織片更加耀眼。
若改變色線的位置，
呈現的感覺也會迥然不同。

［使用線］Hamanaka 純毛中細　白色（1）
［使用針］3/0 號鉤針

► ＝剪線

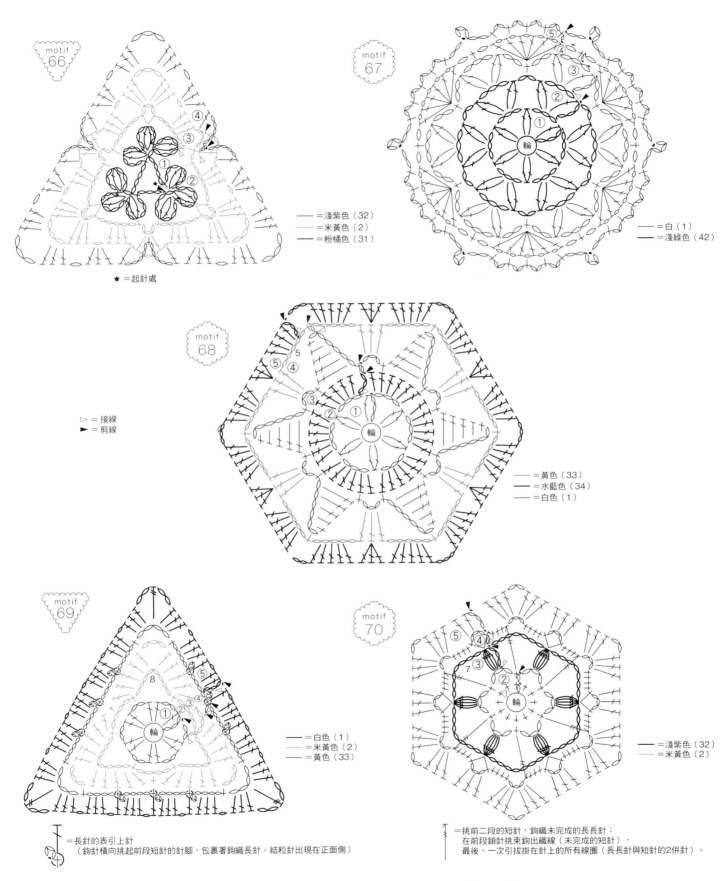

motif
66

―=淺紫色（32）
―=米黃色（2）
―=粉橘色（31）

★＝起針處

motif
67

―=白（1）
―=淺綠色（42）

motif
68

▷ = 接線
► = 剪線

―=黃色（33）
―=水藍色（34）
―=白色（1）

motif
69

―=白色（1）
―=米黃色（2）
―=黃色（33）

┬
|
＝長針的表引上針
（鉤針橫向挑起前段短針的針腳，包裹著鉤織長針。結粒針出現在正面側）

motif
70

―=淺紫色（32）
―=米黃色（2）

┬
|
＝挑前二段的短針，鉤織未完成的長長針；
在前段鎖針挑束鉤出織線（未完成的短針），
最後，一次引拔掛在針上的所有線圈（長長針與短針的2併針）。

How to make --- P.58,59

motif
71

motif
71

motif
72

motif
72

Making: 新川りお　Yarn: Hamanaka 純毛中細

motif
73

motif
73

因為拼接方式而變化出各式形狀，
這正是多角形花樣織片最有趣的一點。
尤其是三角形織片，
豐富有趣的變化令人樂此不疲。

motif
74

motif
74

［使用線］Hamanaka 純毛中細
［使用針］3/0 號鉤針

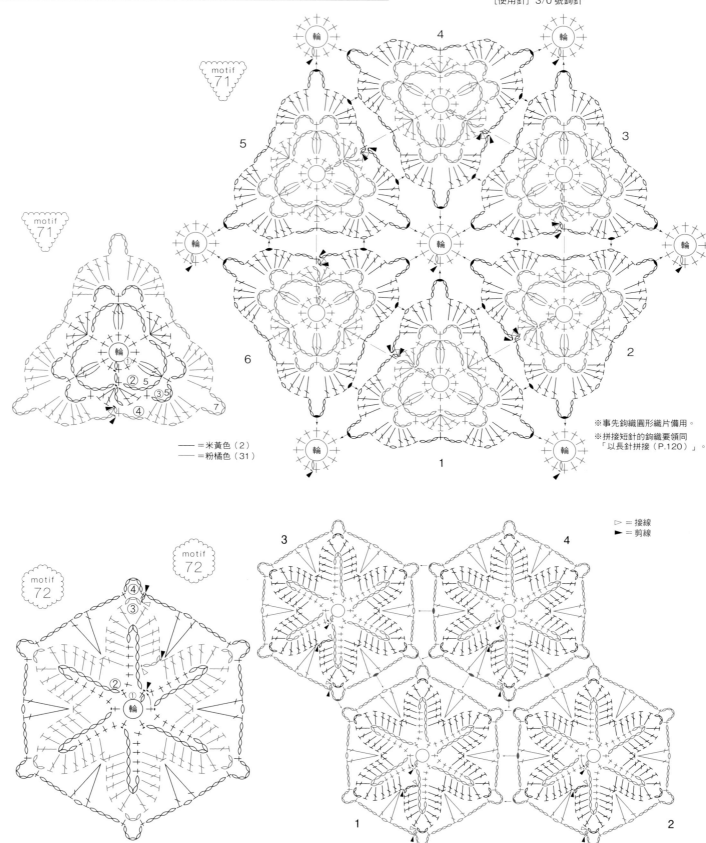

motif
71

motif
71

4

5

3

6

2

1

—— ＝米黃色（2）
—— ＝粉橘色（31）

※事先鉤織圓形織片備用。
※拼接短針的鉤織要領同
　「以長針拼接（P.120）」。

▷ ＝接線
► ＝剪線

motif
72

motif
72

3

4

1

2

motif 73

3

4

2

5

1

6

▷ = 接線
► = 剪線

motif 73

9

5

6 5

5 5

4

7

2

3

1

5

── = 米黃色（2）
── = 粉橘色（31）
── = 白色（1）

motif 74

3

4

motif 74

2

4

3

4

5

1

2

※第2段看著背面鉤織。

♀ = 短針的裡引上針
米黃色（看著背面鉤織該段，
實際上是鉤織表引上針）。

Chapter 3

花朵形花樣織片

——————·•·——————
F l o w e r
——————·•·——————

華麗又甜美可愛，即使一片也宛如畫作的花朵織片。
建議直接運用花朵織片的美麗造型。

motif
97

motif
101

motif
75

Design: 夢野 彩　　Yarn: Olympus Emmy Grande ＜ Colors ＞、＜ Harbs ＞

各式各樣的飾品

How to make -- P.106

直接以花朵形織片製作戒指、胸針、頸鏈、項鏈……

使用方法依個人創意自在運用。

成為小巧玲瓏卻令人印象深刻的作品。

脖圍

How to make -- P.107

花朵形的織片一不小心就會顯得太過甜美可愛，

因此以深色為主要色調來鉤織，

作成了非常適合秋冬穿搭的脖圍。

其間織入亮麗色彩，完成令人印象深刻的作品。

motif
76

Design: 遠藤ひろみ　　Making: 田中利佳　　Yarn: Puppy British Fine

披肩

How to make -- P.108

甜美可愛又具透視感的
花樣織片拼接而成的披肩。
以毛海線鉤織更顯輕盈。

motif
83

Design: 夢野 彩　　Yarn: Hamanaka Alpaca Mohair Fine

motif
75

motif
76

motif
77

motif
78

motif
79

motif
80

Making: 伊藤りかこ　　Yarn: Hamanaka Exceed Wool FL〈合太〉

motif
82

motif
81

motif
83

motif
84

motif
85

motif
86

［使用線］Hamanaka Exceed Wool FL〈合太〉 白色（201）
［使用針］4/0 號鉤針

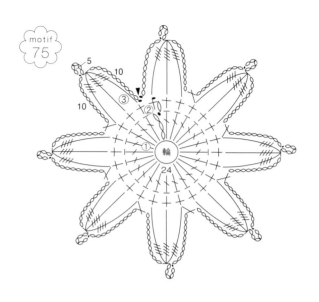

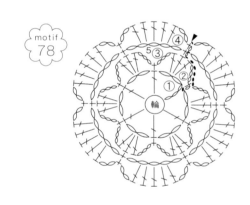

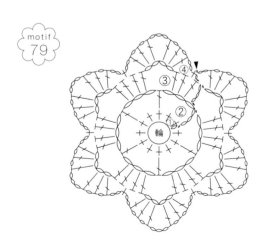

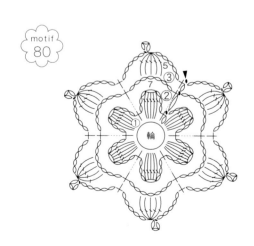

►＝剪線

▶ =剪線

How to make --- P.70,71

motif 87

motif 90

motif 91

motif 88

motif 89

motif 92

motif 93

motif
94

motif
95

motif
96

motif
98

motif
97

motif
99

[使用線] Hamanaka 純毛中細　白色（1）
[使用針] 3/0 號鉤針

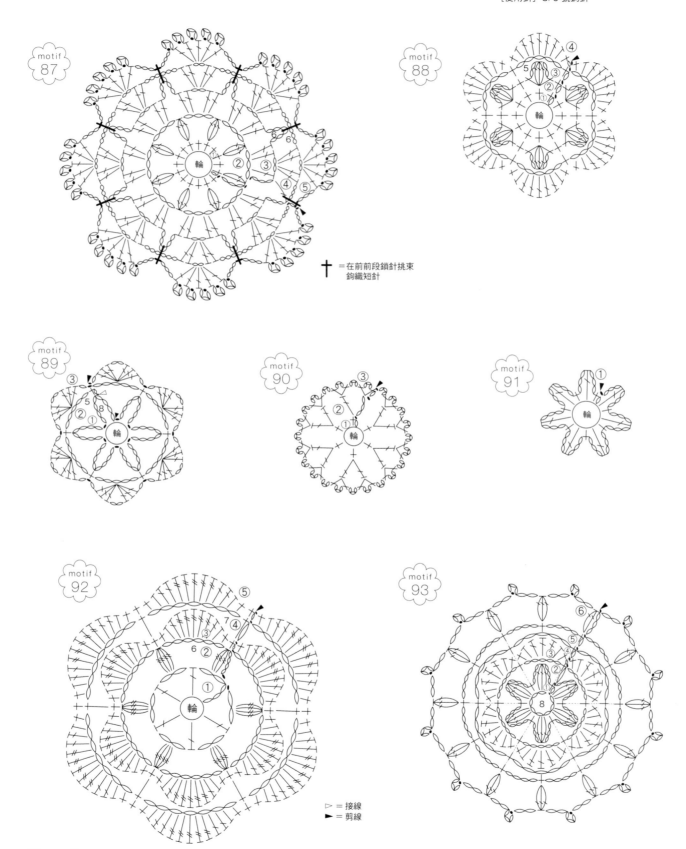

✝ =在前前段鎖針挑束
鉤織短針

▷ =接線
► =剪線

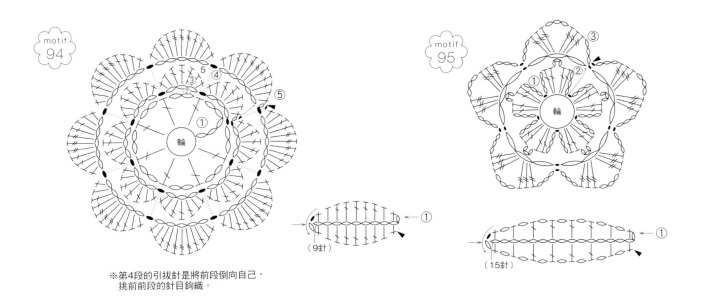

motif 94

motif 95

※第4段的引拔針是將前段倒向自己，
挑前前段的針目鉤織。

（9針）

（15針）

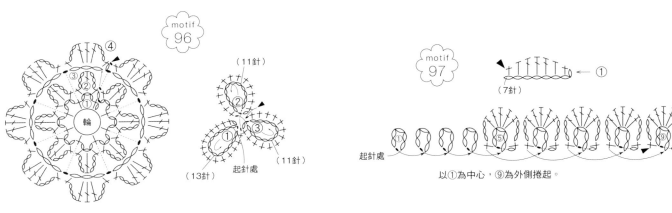

motif 96

motif 97

（11針）

（13針）

（11針）

起針處

※第3段的引拔針，
是將前段倒向自己，
挑前前段的針目鉤織。

起針處

以①為中心，⑨為外側捲起。

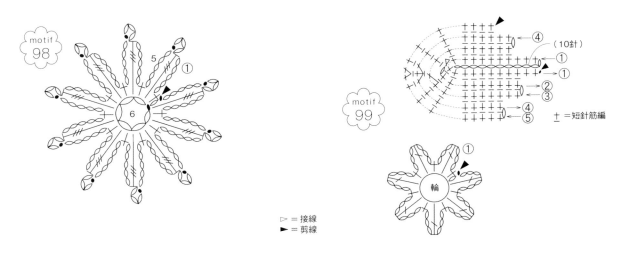

motif 98

5

6

motif 99

（10針）

十 ＝短針筋編

▷ ＝接線
▶ ＝剪線

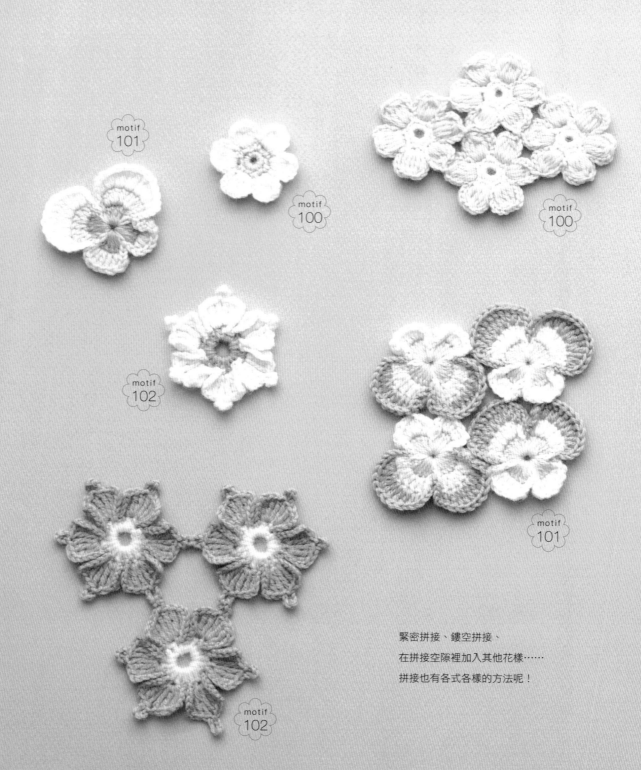

motif 101

motif 100

motif 100

motif 102

motif 101

motif 102

緊密拼接、鏤空拼接、
在拼接空隙裡加入其他花樣……
拼接也有各式各樣的方法呢！

motif
103

motif
103

motif
104

motif
104

[使用線] Hamanaka 純毛中細
[使用針] 3/0 號鉤針

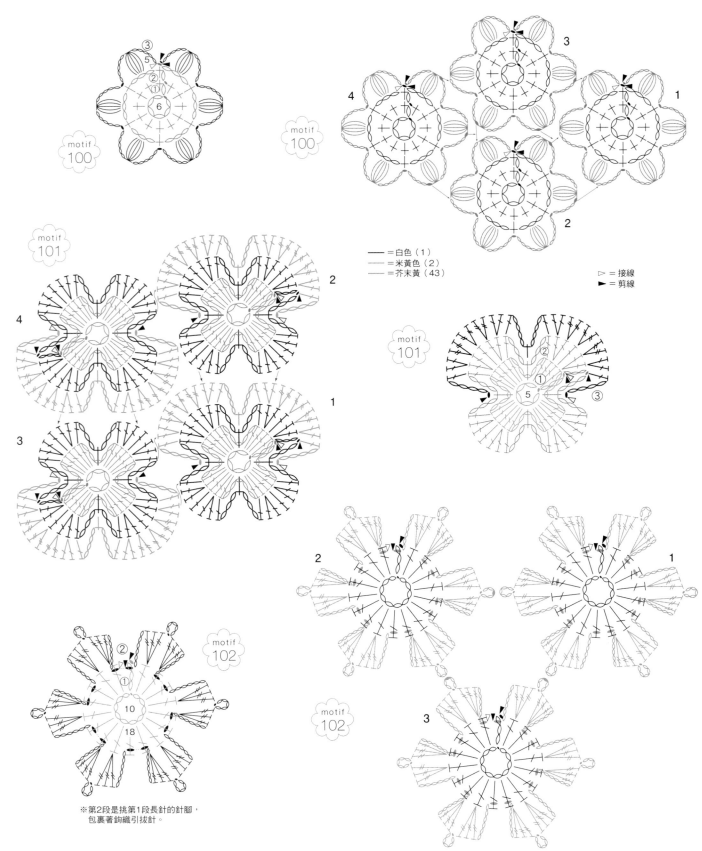

motif 100

motif 100

motif 101

motif 101

motif 102

motif 102

──── ＝白色（1）
──── ＝米黃色（2）
──── ＝芥末黃（43）

▷ ＝接線
► ＝剪線

※第2段是挑第1段長針的針腳，
　包裹著鉤織引拔針。

motif
103

motif
103

3

2

1

motif
104

motif
104

2

1

4

3

——=白色（1）
——=米黃色（2）
——=芥末黃（43）

▷ =接線
► =剪線

圓形花樣織片

Circle

從輪狀起針開始按部就班加針，鉤織而成的圓形花樣織片。

圓潤的輪廓是充滿幸福感的形狀？

motif
126'

motif
127'

Design: 夢野 彩　　Yarn: Hamanaka Exceed Wool FL〈合太〉

捲尺套

How to make --- P.90

將兩片圓形花樣接合，即可包住捲尺。

以喜歡的顏色鉤織中意的花樣，

為自己製作一個獨一無二的捲尺套吧！

motif
129

Design: 遠藤ひろみ   Yarn: Hamanaka Alpaca Villa・Alpaca Mohair Fine

圍巾

How to make -- P.110

以蓬鬆柔軟的毛海與Alpaca Mohair織就，
膚觸柔細綿軟的圍巾。
毛茸茸的背面看起來也可愛得不得了。

膝上毯

How to make -- P.109

大量使用可愛顏色，花田般繽紛耀眼的手織毯。
每一片花樣的尺寸都非常大，
鉤織進度也超乎想像的快速！
改織成床罩尺寸，似乎也不是遙不可及的夢呢！

motif
128

Design: 遠藤ひろみ　Yarn: Hamanaka Fairlady 50

How to make --- P.82,83

motif
105

motif
106

motif
107

motif
108

motif
109

motif
110

motif
111

motif
112

motif
113

motif
114

motif
115

motif
116

motif
117

〔使用線〕Hamanaka Exceed Wool FL〈合太〉 白色（201）
〔使用針〕4/0 號鉤針

▶ ＝剪線

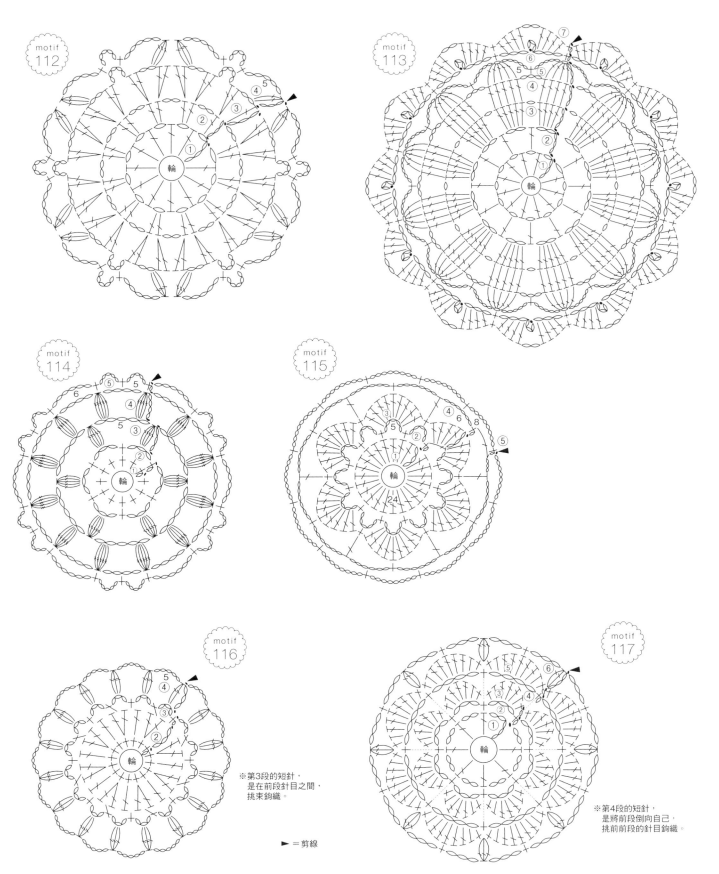

motif 112

motif 113

motif 114

motif 115

motif 116

※第3段的短針，
是在前段針目之間，
挑束鉤織。

► =剪線

motif 117

※第4段的短針，
是將前段倒向自己，
挑前段的針目鉤織。

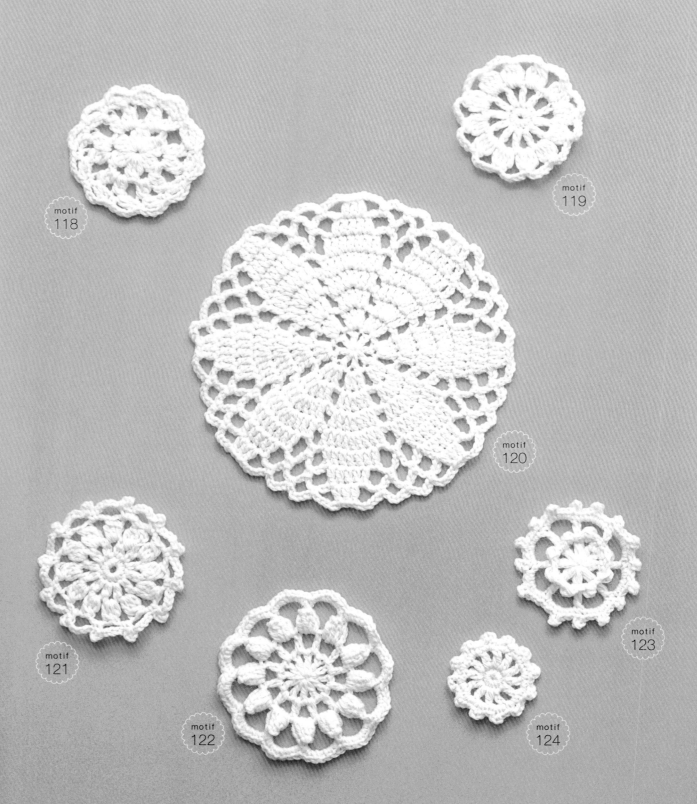

motif
118

motif
119

motif
120

motif
121

motif
122

motif
123

motif
124

Making: 伊藤りかこ　　Yarn: Hamanaka Exceed Wool FL〈合太〉

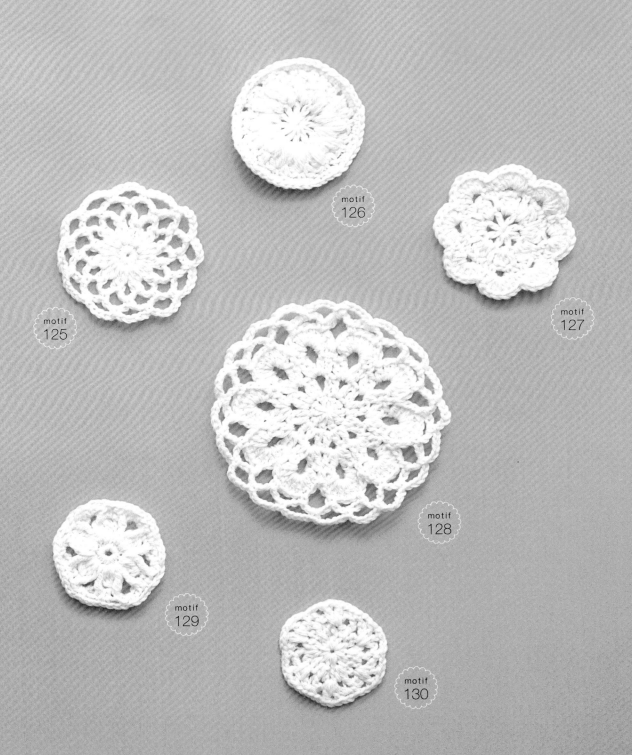

motif
126

motif
127

motif
125

motif
128

motif
129

motif
130

〔使用線〕Hamanaka Exceed Wool FL〈合太〉 白色（201）
〔使用針〕4/0 號鉤針

►＝剪線

※第3段的長針是將前段倒向自己，挑前段的針目鉤織。

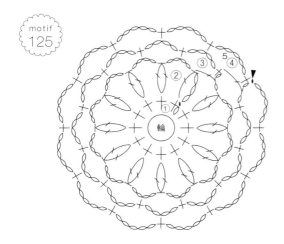

motif
125

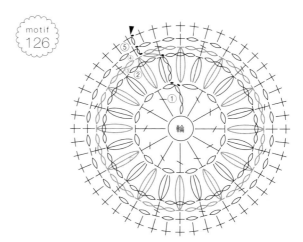

motif
126

※第3‧4段是在前前段挑針，並將前段針目包入鉤織。

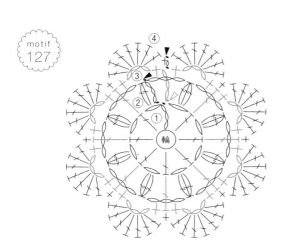

motif
127

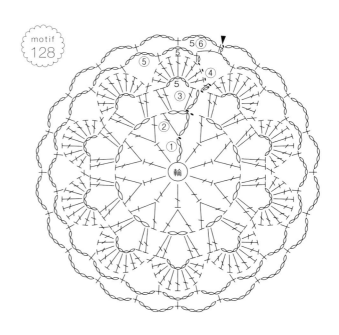

motif
128

※第3段的長針是在前前段挑針，並將前段針目包入鉤織。

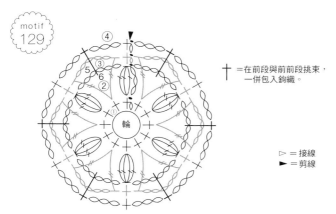

motif
129

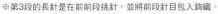

╪ ＝在前段與前前段挑束，
一併包入鉤織。

▷ ＝接線
► ＝剪線

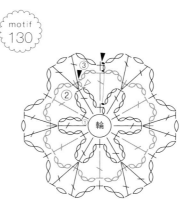

motif
130

※第3段的長長針，是跨越前段針目，直接挑前前段的針目鉤織。

※第3段的長針是在前前段挑針，並將前段針目包入鉤織。

Design: 夢野 彩　　Yarn: Hamanaka Fairlady 50・Exceed Wool FL〈合太〉

針插

How to make -- P.111

彷彿濃縮了花樣織片鉤織樂趣的針插。

方形、六角形、圓形⋯⋯以喜愛的花樣織片來製作，

進行手作時就想擺在身邊隨時陪伴著自己。

How to Make

織法 & 作法

*織法使用的基礎針法，請參照 P.113 起的鉤針編織基礎。

*本書使用的織線與顏色號碼可能有已停產的情況，請見諒。

*刊載的織線用量為鉤織作品時的概算。
　鉤針編織會因為每個人鉤織鬆緊程度的不同，
　出現織線用量增加的情況。
　建議多準備一些織線以備不時之需。

杯墊

[材料＆工具]
Hamanaka FlaxK　原色（11）・灰色
（208）各7g
5/0號鉤針
[完成尺寸]　9cm×9cm
[鉤織要點]
以線頭繞線的輪狀起針開始，參照織圖一邊
配色一邊鉤織5段。

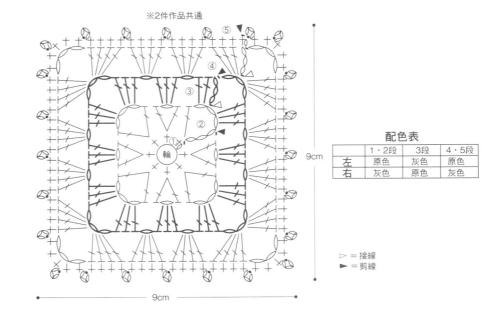

※2件作品共通

9cm

9cm

▷ = 接線
► = 剪線

配色表

	1・2段	3段	4・5段
左	原色	灰色	原色
右	灰色	原色	灰色

捲尺套

[材料＆工具]
Hamanaka Exceed Wool FL〈合太〉
A 黃綠色（241）・水藍色（242）各5g　白
色（201）1g
B 淺橘色（208）5g 珊瑚粉（239）1g
直徑6cm的圓形捲尺 各1個
4/0號鉤針
[完成尺寸]　直徑6cm
[鉤織要點]
・以線頭繞線的輪狀起針開始，參照織圖一
邊配色一邊鉤織。完成兩片相同花樣的織
片。
・兩織片背面相對，以捲針縫進行拼接。中
途放入捲尺，並且預留皮尺開口即可。

組合方法 ※A・B共通

完成圖

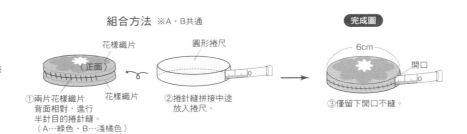

①兩片花樣織片
背面相對，進行
半針目的捲針縫。
（A…綠色・B…淺橘色）

②捲針縫拼接中途
放入捲尺。

③僅留下開口不縫。

A配色表

4至6段	黃綠色
2・3段	水藍色
1段	白色

B配色表

3至5段	淺橘色
2段	珊瑚粉
1段	淺橘色

※第3段的長針是
挑第1段的長針，
並將第2段鎖針包入鉤織。

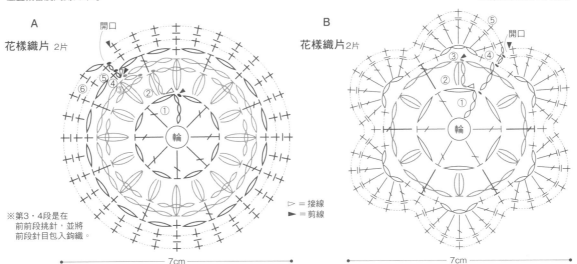

A
花樣織片 2片

開口

※第3・4段是在
前前段挑針，並將
前段針目包入鉤織。

▷ = 接線
► = 剪線

B
花樣織片 2片

開口

7cm

7cm

彈簧口金波奇包

[材料＆工具]
DMC Woolly　黃色（091）50g　淺黃色（092）20g
長15cm彈簧口金　米黃色棉布18cm×36cm
6/0號・5/0號鉤針
[花樣織片尺寸]　　8cm×8cm
[完成尺寸]　寬16cm，高17.5cm
[鉤織要點]
・以線頭繞線的輪狀起針開始，參照織圖一邊配色一
　邊鉤織4段。相同花樣鉤織8片，4片為一組，以半針
　目捲針縫拼接。
・在拼接織片的上方，鉤織10段短針，然後往織片背
　面對摺，以捲針縫固定，完成口金穿入的部分，以
　相同方式共製作兩片。
・兩片本體背面相對，織片部分（兩脇邊與袋底）以
　半針目的捲針縫拼接。穿入口金彈片後組裝口金。
・製作棉布內袋，放入本體裡側後，依圖示縫合固
　定。

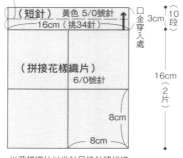

本體 2片
往背面對摺
（短針）　黃色 5/0號針
16cm（挑34針）
口金穿入處
3cm（10段）
（拼接花樣織片）
6/0號針
16cm（2片）
8cm
8cm

※花樣織片以半針目捲針縫拼接。
※口金穿入處往背面對摺，進行捲針縫。

完成圖

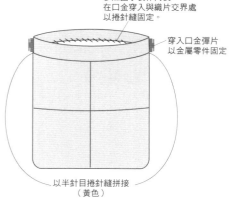

參照圖示製作內袋。
在口金穿入與織片交界處
以捲針縫固定。

穿入口金彈片
以金屬零件固定

以半針目捲針縫拼接
（黃色）

▷ ＝接線
► ＝剪線

本體

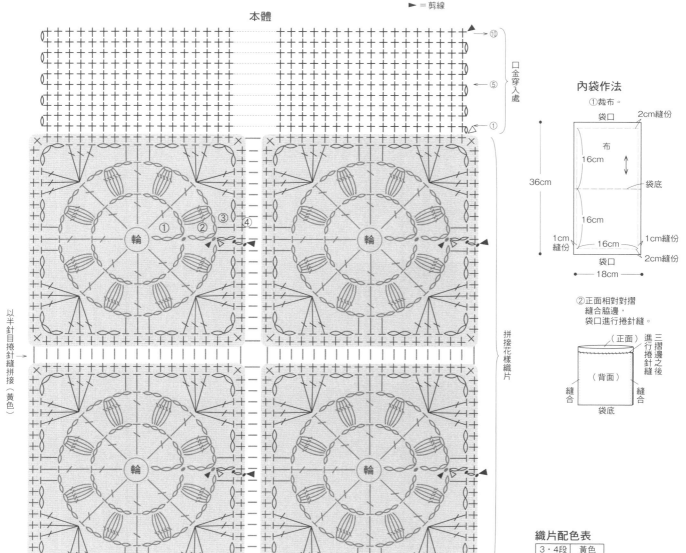

以半針目捲針縫拼接（黃色）

口金穿入處

拼接花樣織片

以半針目捲針縫拼接（黃色）

內袋作法
①裁布。
袋口　2cm縫份
布
16cm
袋底
16cm
1cm縫份　16cm　1cm縫份
袋口　2cm縫份
36cm
18cm

②正面相對對摺
　縫合脇邊，
　袋口進行捲針縫。

（正面）
進行捲針縫
三摺邊之後
（背面）
縫合
縫合
袋底

織片配色表

3・4段	黃色
1・2段	淺黃色

[材料＆工具]
Hamanaka Sonomono Suri Alpaca　原色（81）45g
3/0號鉤針
[花樣織片尺寸]　6cm×6cm
[完成尺寸]　寬30cm，長24cm
[鉤織要點]
・以線頭繞線的輪狀起針開始，參照織圖鉤織4段的花樣織片。
・從第2片開始，鉤織第4段時，一邊鉤織一邊拼接相鄰織片，共鉤織20片。

（拼接花樣織片）

20	19	18	17	16
15	14	13	12	11
10	9	8	7	6
5	4	3	2	1

24cm（4片）

30cm（5片）

6cm

6cm

※數字為鉤織花樣織片的順序

► ＝剪線

地墊

[材料＆工具]
Hamanaka Mens Club Master 米黃色（27）100g 紅褐色（60）‧褐色
（46）各50g
8/0號鉤針
[花樣織片尺寸] 12.5cm×12.5cm
[完成尺寸] 寬62.5cm，長50cm
[鉤織要點]
‧以線頭繞線的輪狀起針開始，參照織圖鉤織4段的花樣織片。
‧從第2片開始，鉤織第4段時，一邊鉤織一邊拼接相鄰織片，共鉤織20片。

（拼接花樣織片）　米黃色…10片
　　　　　　　　　紅褐色‧褐色…各5片

紅褐色	米黃色	褐色	米黃色	紅褐色
20	**19**	**18**	**17**	**16**
米黃色	紅褐色	米黃色	褐色	米黃色
15	**14**	**13**	**12**	**11**
褐色	米黃色	紅褐色	米黃色	褐色
10	**9**	**8**	**7**	**6**
米黃色	褐色	米黃色	紅褐色	米黃色
5	**4**	**3**	**2**	**1** 12.5 12.5cm cm

50cm
（4片）

62.5cm（5片）

※數字為鉤織花樣織片的順序
► ＝剪線

褐色

紅褐色　　　　米黃色

鉤針收納包

本體（拼接花樣織片）

7	6	5	4	3	2	1
14	13	12	11	10	9	8
21	20	19	18	17	16	15
28	27	26	25	24	23	22

1 ← 4.5cm
4.5cm
18cm（4片）
←─ 31.5cm（7片）─→

※數字為鉤織花樣織片的順序

墜飾
白色 2片

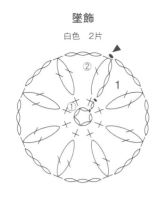

[材料＆工具]
Hamanaka 純毛中細　藍色（39）25g　白色（1）20g　白色棉布54cm×30.5cm　蕾絲緞帶26cm　3/0號鉤針

[花樣織片尺寸]　4.5cm×4.5cm

[完成尺寸]　寬31.5cm，長18cm

[鉤織要點]

· 以5針鎖針接合成圈的輪狀起針開始，參照織圖換色線，鉤織3段的花樣織片。從第2片開始，鉤織第3段時，一邊鉤織一邊拼接相鄰織片，共鉤織28片。

· 依圖示縫製收納鉤針的夾層，疊放在拼接織片背面，以捲針縫固定。

· 鉤織綁帶（繩編），織好墜飾後縫於綁帶兩端，對摺縫在本體上即完成。

繩編織法

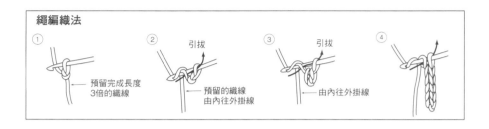

① ←預留完成長度 3倍的織線
② 引拔 ←預留的織線 由內往外掛線
③ 引拔 ←由內往外掛線
④

綁帶（繩編）
藍色 1條

━━ 68cm（250針）━━

收納鉤針的夾層作法

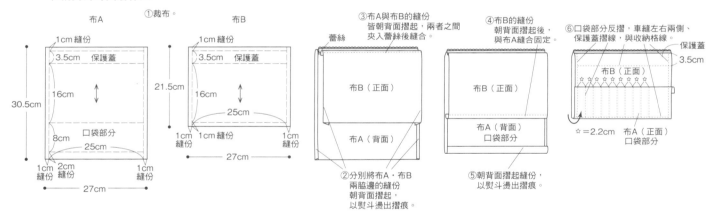

布A
①裁布。
1cm 縫份
3.5cm 保護蓋
16cm
30.5cm
8cm
口袋部分
25cm
1cm 縫份　2cm 縫份　1cm 縫份
27cm

布B
1cm 縫份
3.5cm 保護蓋
21.5cm
16cm
25cm
1cm 1cm 縫份　1cm 縫份
27cm

③布A與布B的縫份皆朝背面摺起，兩者之間夾入蕾絲後縫合。
蕾絲
布B（正面）
布A（背面）

②分別將布A・布B兩脇邊的縫份朝背面摺起，以熨斗燙出摺痕。

④布B的縫份朝背面摺起後，與布A縫合固定。
布B（正面）
布A（背面）口袋部分

⑤朝背面摺起縫份，以熨斗燙出摺痕。

⑥口袋部分反摺，車縫左右兩側、保護蓋摺線，與收納格線。
保護蓋 3.5cm
布B（正面）
☆=2.2cm 布A（正面）口袋部分

完成圖

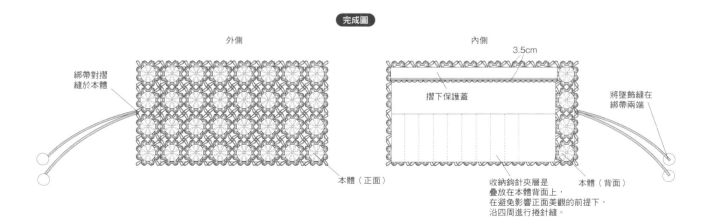

外側
綁帶對摺縫於本體
本體（正面）

內側
3.5cm
摺下保護蓋
本體（正面）
收納鉤針夾層是疊放在本體背面上，在避免影響正面美觀的前提下，沿四周進行捲針縫。
將墜飾縫在綁帶兩端
本體（背面）

花樣織片配色表

3段	藍色
1・2段	白色

本體

▷ ＝接線
► ＝剪線

[材料&工具]
DMC Woolly　藍色（74）120g　水藍色（73）
60g　白色棉布30cm×70cm
5/0號鉤針・4/0號
[花樣織片尺寸]　約6cm×6cm
[完成尺寸]　寬25.5cm，高34cm（不含提把）
[鉤織要點]
・以10針鎖針接合成圈的輪狀起針開始，參照
　織圖鉤織3段的花樣織片。從第2片開始，鉤
　織第3段時，一邊鉤織一邊拼接相鄰織片，
　依指示換色線鉤織44片。
・提把為鎖針起針6針，鉤織220段短針。鉤織
　2片，縫在本體袋口。
・參照圖示縫製內袋，放入本體後以捲針縫固
　定。

本體（拼接花樣織片）5/0鉤針
藍色　24片　水藍色　20片

約6cm
8.5cm　　8.5cm

25.5cm（3片）

袋口

3	2	1
9	8	7	12
15	14	13
21	20	19	24
27	26	25
33	32	31	36
39	38	37
44	43

袋底

40	41	42
33	34	35	36
28	29	30
21	22	23	24
16	17	18
9	10	11	12
4	5	6

34cm
（4片）

※數字為鉤織花樣織片的順序

袋口

提把　藍色 2片
（短針）4/0號針

2cm
（6針）

內袋作法
①裁布。
袋口　3cm
布
袋口
32cm
42cm
220
段
布
32cm
袋底
28cm
1cm
縫份
袋口
30cm
3cm
縫份
1cm

②正面相對對摺，
　縫合脇邊，
　袋口進行捲針縫。
袋口　布（正面）
進行三摺邊的
捲針縫
布（背面）
車縫　　車縫
袋底
6
（正面）
6cm　　6cm
翻至正面車縫袋底兩角，
翻回背面後放入本體。

70cm

完成圖

將內袋放入本體，
袋口縫合固定。

提把縫於
本體內側

布（正面）

本體

本體

► ＝剪線

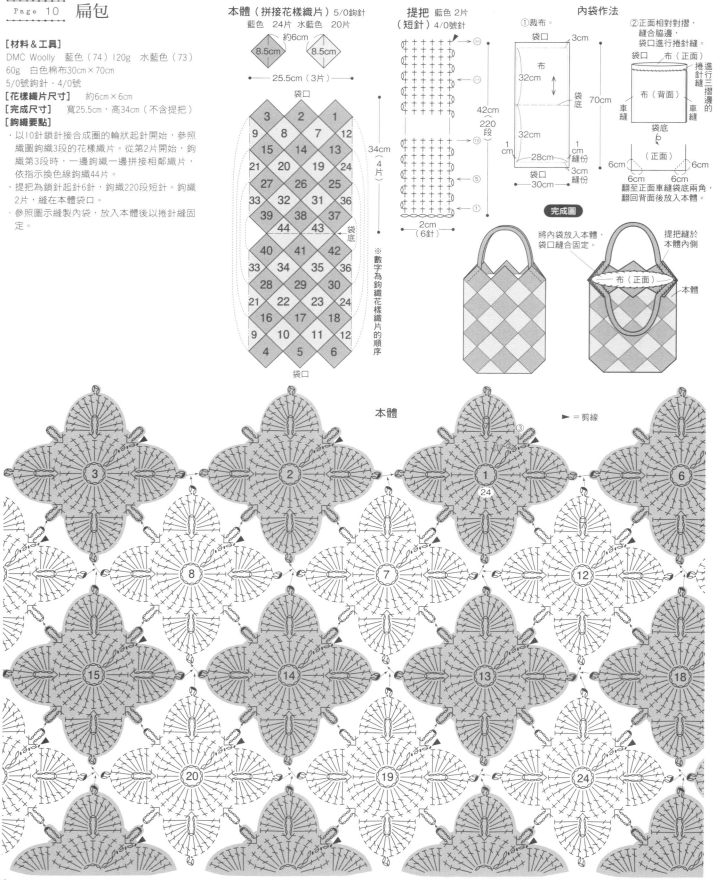

抱枕套

[材料＆工具]

Daruma手織線 近似天然羊毛的Merino Wool 原色（1）65g
芥末黃（6）50g 藍綠色（5）20g Merino Style並太
灰色（15）105g 直徑2cm釦子5顆 6/0號鉤針

[花樣織片尺寸] 14cm×14cm

[完成尺寸] 寬44cm，長44cm

[鉤織要點]

・以線頭繞線的輪狀起針開始，參照配色依織圖鉤織6段的花樣
織片。從第2片的第6段開始，一邊鉤織一邊在四角拼接相鄰
織片，將18片花樣織片拼接成環狀。花樣織片角落以外的拼
接，是沿四邊分別挑半針，鉤織短針的筋編來接合。

・沿抱枕四邊鉤織一段緣編，一邊鉤織一邊在結粒針時換色。

・將釦子縫在☆側。

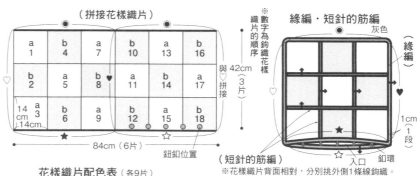

（拼接花樣織片）

a 1	b 4	a 7	b 10	a 13	b 16
b 2	a 5	b 8	a 11	b 14	a 17
a 3	b 6	a 9	b 12	a 15	b 18

14cm×14cm
84cm（6片）
★ 鈕釦位置 ☆

※數字為鉤織花樣織片的順序
42cm（3片）
與♡♥拼接

緣編・短針的筋編

（緣編）
灰色
（緣編）
1cm（1段）
☆入口 釦環
（短針的筋編）
★
※花樣織片背面相對，分別挑外側1條線鉤織。

花樣織片配色表（各9片）

	1段	2段	3・4段	5・6段
a	藍綠色	原色	芥末黃	灰色
b	芥末黃	藍綠色	原色	灰色

▷ ＝接線
► ＝剪線
🄰 …原色
🄱 …灰色

※♡・◉・♥此三邊拼接織片時背面相對，
挑織片外側1條線，鉤織1段緣編。
※★・☆兩片分別鉤織緣編，
★側要在鉤織緣編時，加入釦環的鎖針。

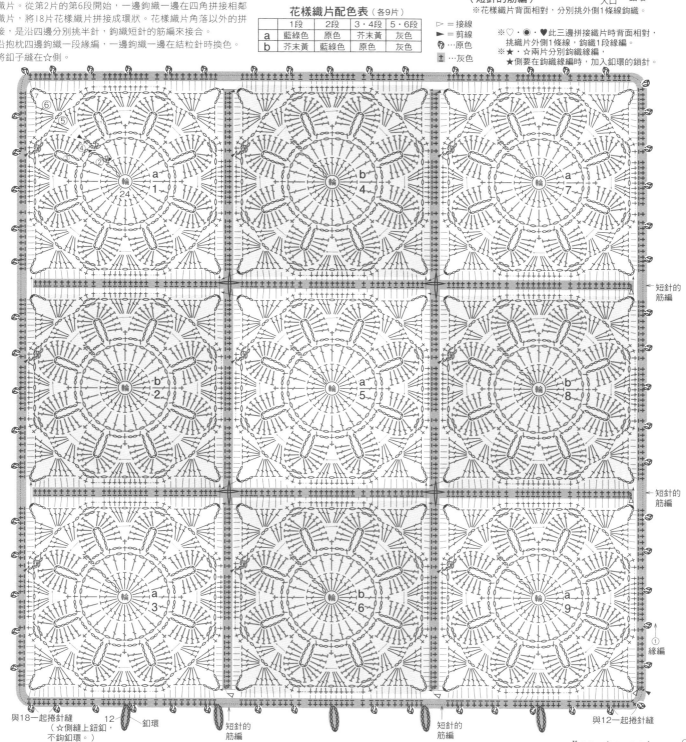

→ 短針的筋編
→ 短針的筋編
① 緣編

與18一起捲針縫（☆側縫上釦釦，不鉤釦環。） 12 釦環 短針的筋編 短針的筋編 與12一起捲針縫

膝上毯

[材料＆工具]
Puppy Queen Anny　米黃色（812）230g
紅色（822）・黃色（934）・綠色（935）
・藍色（965）・橘色（967）・深粉紅
（974）・紫色（984）・松石綠（986）
各45g　淺粉紅（970）・淺黃色（892）・
淺綠色（957）・水藍色（962）・淺橘色
（988）・粉紅色（938）・紫（983）・
薄荷綠（989）各5g　7/0號鉤針
[花樣織片尺寸]　9cm×9cm
[完成尺寸]　寬72cm，長72cm
[鉤織要點]
以線頭繞線的輪狀起針開始，參照織圖＆配
色，一邊換線一邊鉤織4段的花樣織片。從
第2片開始，鉤織第4段時，一邊鉤織一邊拼
接相鄰織片，共鉤織64片。

（拼接花樣織片）

a	b	c	d	e	f	g	h
1	9	17	25	33	41	49	57
b	a	d	c	f	e	h	g
2	10	18	26	34	42	50	58
a	b	c	d	e	f	g	h
3	11	19	27	35	43	51	59
b	a	d	c	f	e	h	g
4	12	20	28	36	44	52	60
a	b	c	d	e	f	g	h
5	13	21	29	37	45	53	61
b	a	d	c	f	e	h	g
6	14	22	30	38	46	54	62
a	b	c	d	e	f	g	h
7	15	23	31	39	47	55	63
b	a	d	c	f	e	h	g
8	16	24	32	40	48	56	64

9cm
9cm
72cm
8片
← 72cm（8片）→
※數字為鉤織花樣織片的順序

花樣織片配色表（各8片）

	1段	2・3段	4段
a	淺粉紅	紅色	米黃色
b	水藍色	藍色	米黃色
c	淺橘色	橘色	米黃色
d	淺綠色	綠色	米黃色
e	粉紅	深粉紅	米黃色
f	薄荷綠	松石綠	米黃色
g	淺黃色	黃色	米黃色
h	紫藤	紫色	米黃色

▷ = 接線
► = 剪線

[材料＆工具]
Rich More Mohair Hardi　紫色（17）300g
灰色（3）35g　原色（2）15g
6/0號鉤針
[密度]　花樣編一組2.7cm、4段3.5cm
[花樣織片尺寸]　8cm×8cm
[完成尺寸]　寬48cm、長141cm
[鉤織要點]
· 以6針鎖針接合成圈的輪狀起針開始，參照織圖依配色線，鉤織3段的花樣織片。從第2片開始，鉤織第3段時，一邊鉤織一邊拼接相鄰織片，共鉤織12片。分別在拼接織片上、下兩側挑針，鉤織10段與53段花樣編。以相同方式鉤織兩片。
· 兩片本體正面相對，以鎖針併縫接合。參照圖示，★與☆分別進行鎖針併縫。
· 在開口處（領口＆下襬）挑針，以輪編鉤織1段緣編。
· 鉤織袖口抽繩，穿入穿繩位置。鉤織墜飾，縫在袖口抽繩兩端。

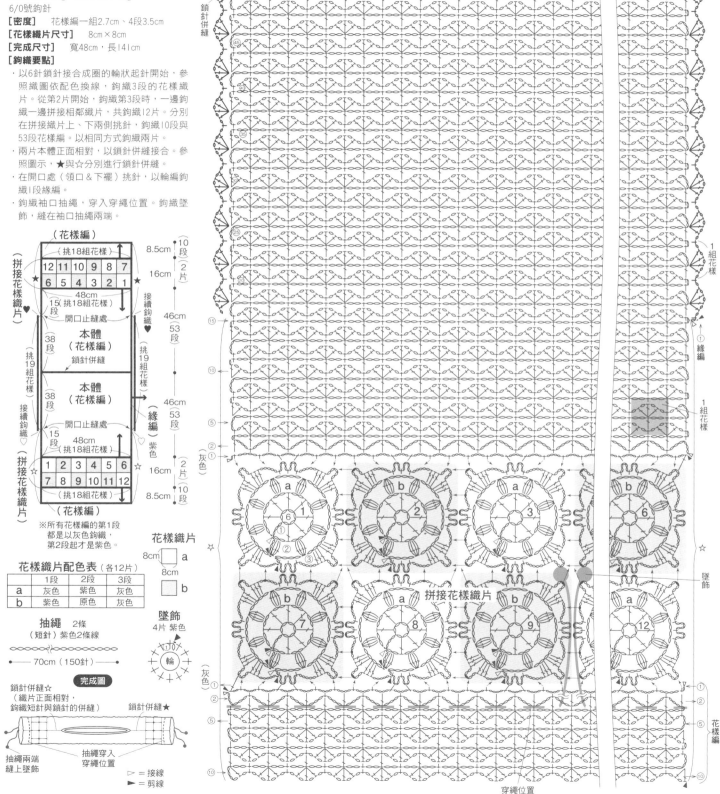

※所有花樣編的第1段都是以灰色鉤織，第2段起才是紫色。

花樣織片配色表（各12片）

	1段	2段	3段
a	灰色	紫色	灰色
b	紫色	原色	灰色

抽繩 2條
（短針）紫色2條線
〜〜〜〜〜
— 70cm（150針）—

墜飾
4片 紫色

完成圖

鎖針併縫☆
（織片正面相對，鉤織短針與鎖針的併縫）
鎖針併縫★

抽繩兩端縫上墜飾
抽繩穿入穿繩位置
▷ ＝接線
► ＝剪線

[材料＆工具]
Hamanaka 純毛中細　白色（ I ）‧紅色（ 10 ）‧深藍色
（ 19 ）各15g　3/0號鉤針

[花樣織片尺寸]　I1cm×I1cm

[完成尺寸]　33cm×33cm

[鉤織要點]

‧以6針鎖針接合成圈的輪狀起針開始，參照織圖依配色
　換線，鉤織5段的花樣織片A。從第2片開始，鉤織第5段
　時，一邊鉤織一邊拼接相鄰織片，共鉤織9片。

‧取白色織線，以6針鎖針接合成圈的輪狀起針開始，鉤
　織I段的花樣織片B，一邊鉤織一邊拼接花樣織片A。

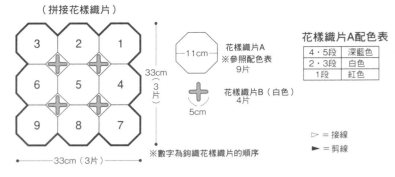

（拼接花樣織片）

花樣織片A
※參照配色表
9片

花樣織片B（白色）
4片

33cm（3片）

※數字為鉤織花樣織片的順序

▷＝接線
►＝剪線

花樣織片A配色表

4‧5段	深藍色
2‧3段	白色
1段	紅色

花樣織片A

花樣織片B

Page 43

熱水袋套

[材料＆工具]

Puppy British Eroika　紅色（204）・粉紅色（189）各50g　褐色（201）40g　米黃色（182）20g　薄荷綠（202）10g　6/0號鉤針

[花樣織片尺寸]　A 10cm×11cm

[完成尺寸]　寬20cm，高33.5cm

[鉤織要點]

・以線頭繞線的輪狀起針開始，鉤織袋身的花樣織片A，參照織圖依配色換線鉤織4段，共鉤織12片。接著鉤織袋底，參照織圖，依配色換線鉤織3段的花樣織片B。

・依圖示並排花樣織片A・B，沿織片邊緣分別挑半針，鉤織引拔針的筋編進行拼接。

・在袋口挑針鉤織4段的緣編。鉤織繩編作為抽繩，穿入緣編第2段。鉤織墜飾，縫在抽繩兩端即完成。

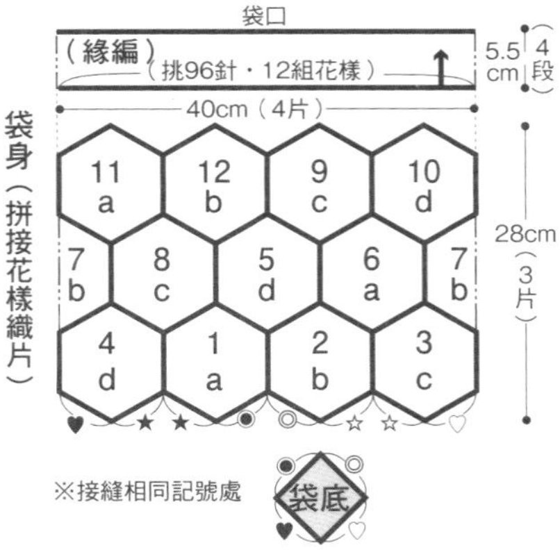

袋口
（緣編）
（挑96針・12組花樣）
5.5cm
（4段）
40cm（4片）
袋身（拼接花樣織片）
28cm（3片）
11 a
12 b
9 c
10 d
7 b
8 c
5 d
6 a
7 b
4 d
1 a
2 b
3 c
袋底
※接縫相同記號處

花樣織片A・B配色表

			1段	2段	3段	4段
花樣織片A	a	3片	薄荷綠	粉紅色	褐色	紅色
	b	3片	褐色	米黃色	紅色	粉紅色
	c	3片	紅色	薄荷綠	粉紅色	褐色
	d	3片	粉紅色	紅色	褐色	米黃色
花樣織片B			紅色	粉紅色	褐色	

抽繩

（繩編）紅色

95cm（180針）

※繩編織法請參照P.94

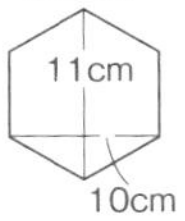

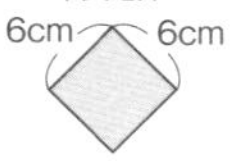

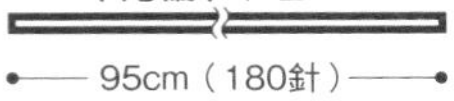

花樣織片A

（袋身）

11cm
10cm

※參照配色表

花樣織片B

（袋底）

6cm
6cm

※參照配色表

墜飾

2片　紅色

輪

1組花樣
④ 紅色
③
② 粉紅色
① 粉紅色
緣編
墜飾
穿繩位置
11 a
12 b
9 c
10 d
① 引拔針筋編
7 b
8 c
5 d
6 a
7 b
袋身
4 d
1 a
2 b
3 c
引拔針筋編 ①
袋底

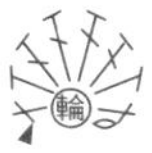

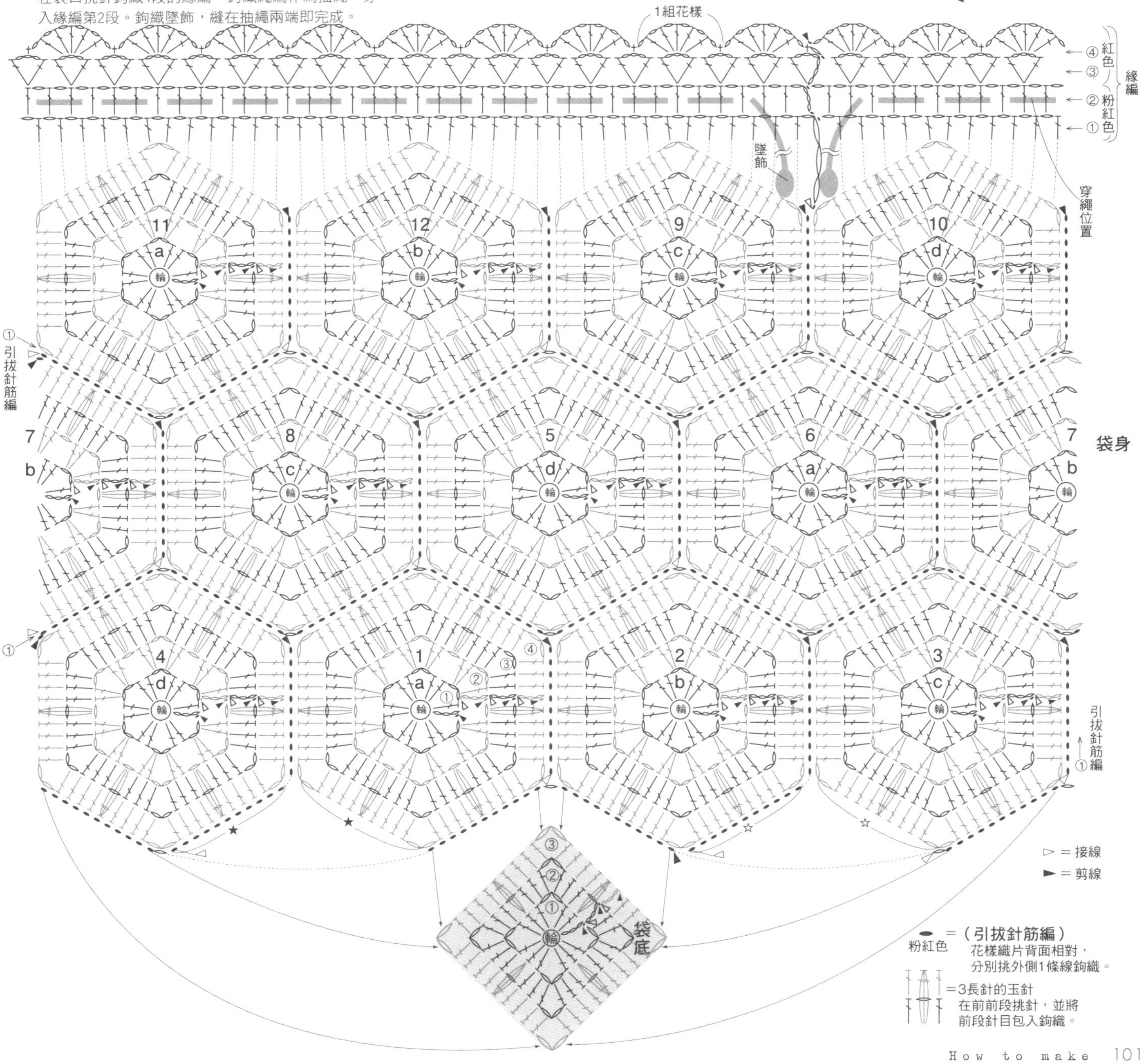

▷＝接線

▶＝剪線

＝（引拔針筋編）粉紅色

花樣織片背面相對，分別挑外側1條線鉤織。

＝3長針的玉針

在前前段挑針，並將前段針目包入鉤織。

手提包

[材料＆工具]
Hamanaka Sonomono〈超極太〉 沙褐色
（12）245g 純毛中細 米黃色（2）25g 白
色（1）·黃綠色（22）·水藍色（34）各10g
淺綠色（42）5g
寬1cm長56cm皮革提把1組
8/0號鉤針·3/0號
[密度] 10cm正方形＝短針14針×16段
[完成尺寸] 寬34cm，深29cm
[鉤織要點]
· 鎖針起針24針，開始鉤織本體袋底，參照織
圖鉤織8段短針。袋身不加減針鉤織39段。
· 腰封的拼接織片，以線頭繞線的輪狀起針開
始，參照織圖依配色換線，鉤織5段的花樣織
片。從第2片開始，鉤織第5段時，一邊鉤織
一邊拼接相鄰織片，共鉤織24片。
· 參照完成圖，將腰封縫在本體袋身上，提把
縫在袋身外側即完成。

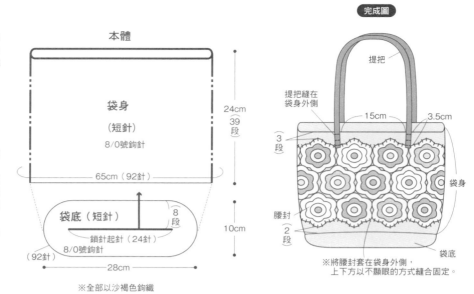

※全部以沙褐色鉤織

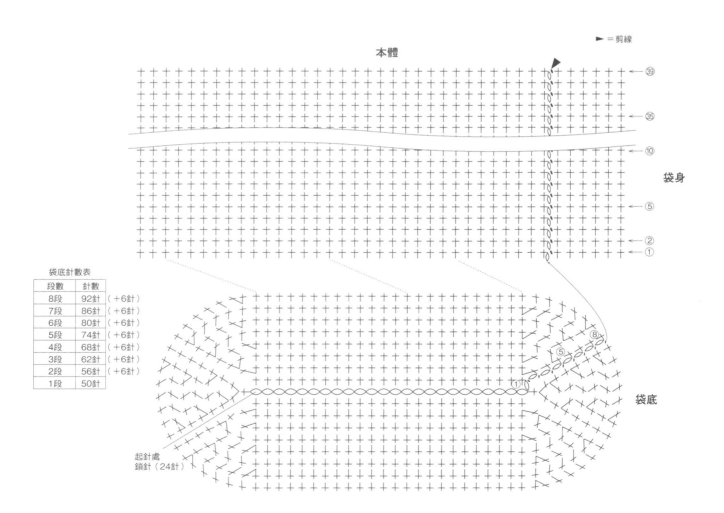

袋底針數表		
段數	針數	
8段	92針	（＋6針）
7段	86針	（＋6針）
6段	80針	（＋6針）
5段	74針	（＋6針）
4段	68針	（＋6針）
3段	62針	（＋6針）
2段	56針	（＋6針）
1段	50針	

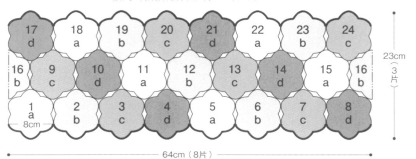

腰封（拼接花樣織片）3/0號鉤針

※數字為鉤織花樣織片的順序

花樣織片配色表（各6片）

	1段	2段	3·4段	5段
a	黃綠	米黃	白色	米黃
b	水藍	米黃	黃綠	米黃
c	水藍	白色	淺綠	米黃
d	黃綠	米黃	水藍	米黃

腰封

▷ ＝ 接線
► ＝ 剪線

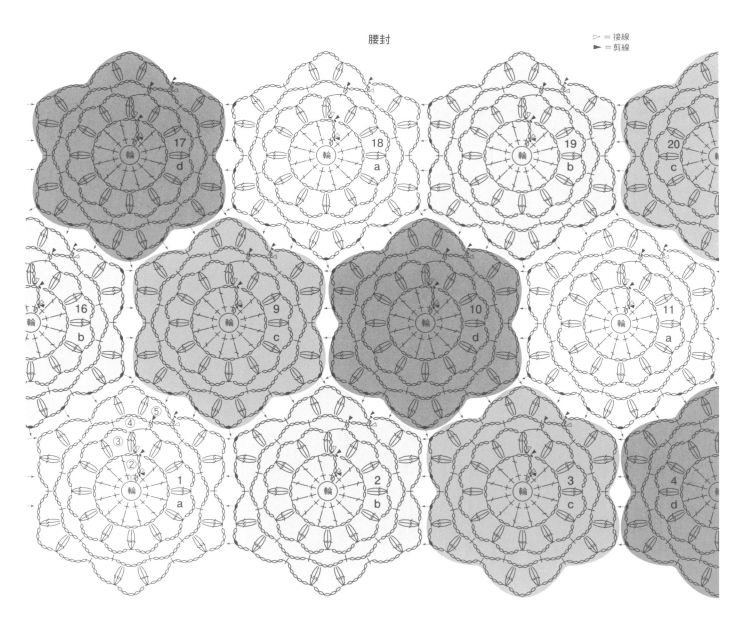

［材料＆工具］
Rich More Bacara Pur<Fine>　藍綠色（317）
120g　原色（318）20g
4/0號鉤針

［花樣織片尺寸］　8cm×9cm

［完成尺寸］　寬98cm，長42cm

［鉤織要點］

・以8針鎖針接合成圈的輪狀起針開始，參照織
　圖鉤織4段的花樣織片。從第2片開始，鉤織
　第4段時，一邊鉤織一邊拼接相鄰織片，共鉤
　織50片。

・完成拼接織片後，沿外圍鉤織2段緣編。

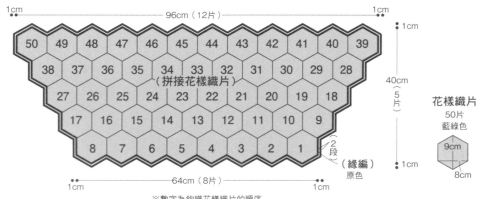

花樣織片
50片
藍綠色

※數字為鉤織花樣織片的順序

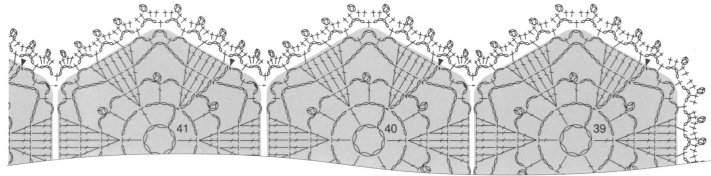

▷ ＝接線
► ＝剪線

[材料＆工具]
Hamanaka Fairlady 50　灰色（48）280g
綠色（13）120g　紫色（63）100g
5/0號鉤針
[花樣織片尺寸]　直徑12cm
[完成尺寸]　寬120cm，長77cm
[鉤織要點]
・以5針接合成圈的輪狀起針開始，參照織
　圖依配色換線，鉤織4段的花樣織片。
・從第2片開始，鉤織第4段時，一邊鉤織一
　邊拼接相鄰織片，共鉤織67片。

（拼接花樣織片）

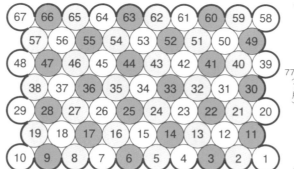

120cm（10片）

77cm（7片）

※數字為鉤織花樣織片的順序

花樣織片

a　25片

b　21片

c　21片

花樣織片配色表

	a	b	c
4段	灰色	灰色	灰色
1至3段	綠色	灰色	紫色

▷ ＝接線
► ＝剪線

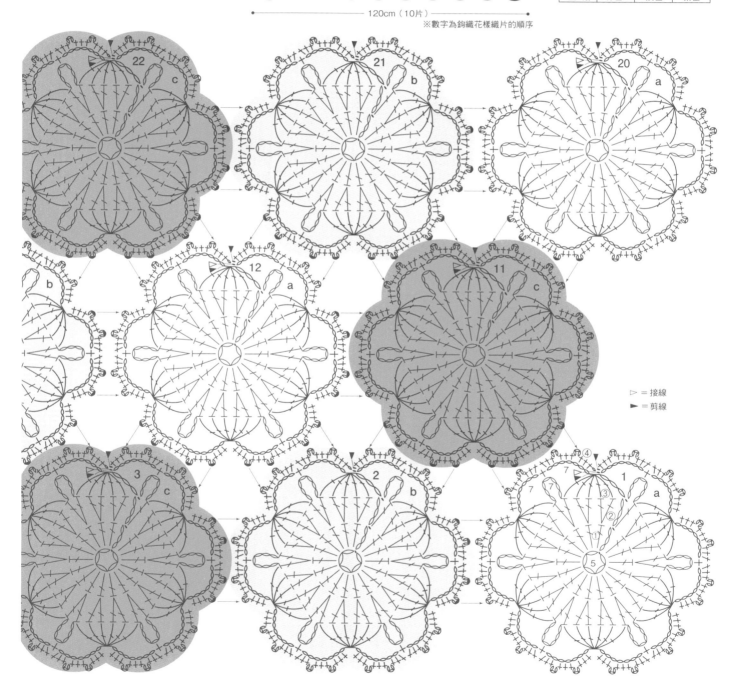

向日葵項鏈

[材料＆工具]
Olympus Emmy Grande<Colors>
黃色（543）2g　<Harbs>褐色（745）lg
蕾絲鉤針l號
[花樣織片尺寸]　直徑6.5cm
[完成尺寸]　長58cm（花朵除外）
[鉤織要點]
・以線頭繞線的輪狀起針開始，參照織圖依
　配色換線，鉤織3段的向日葵織片。
・鎖針起針l針，依織圖鉤織64段，完成繩
　鏈部分。
・將繩鏈兩端縫在向日葵的背面。

三色菫頸鏈＆胸針

[材料＆工具]
Olympus Emmy Grande<Colors>
綠色（265）6g　白色（801）4g　黃色
（543）3g　紫色（675）・藍色（354）各
2g　粉紅色（127）lg
水滴珠2顆　直徑4mm珍珠圓珠5顆　長2.5cm
別針台l個
蕾絲鉤針0號
[花樣織片尺寸]　4cm×3.5cm
[完成尺寸]　頸鏈　長120cm
胸針　寬4cm，長3.5cm
[鉤織要點]
・以線頭繞線的輪狀起針開始，參照織圖依
　配色換線，鉤織3段的三色菫織片。並且
　在中心縫上珍珠圓珠。
・鎖針起針l針，依織圖鉤織130段的繩鏈。
　繩鏈兩端縫上水滴珠，如圖示對稱縫上四
　朵三色菫，完成頸鏈。
・單片的三色菫背面縫上別針台，即完成胸
　針。

花戒指

[材料＆工具]
Olympus Emmy Grande<Colors>
粉紅色（127）2g
直徑4mm珍珠圓珠l顆
蕾絲鉤針0號
[花樣織片尺寸]　直徑2.5cm
[完成尺寸]　戒指直徑l.6cm
[鉤織要點]
・依織圖鉤織花朵織片，從中心側捲成花朵
　後縫合底部。花心縫上珍珠。
・鎖針起針l針，依織圖鉤織6段，將頭尾縫
　合成圈，即完成戒環。最後縫上花朵即
　可。

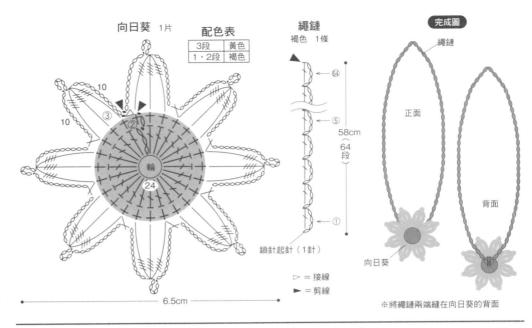

向日葵　1片

配色表

3段	黃色
1・2段	褐色

繩鏈
褐色　1條

完成圖
正面
背面
向日葵
※將繩鏈兩端縫在向日葵的背面
鎖針起針（1針）
▷ ＝ 接線
► ＝ 剪線
6.5cm
58cm
64段

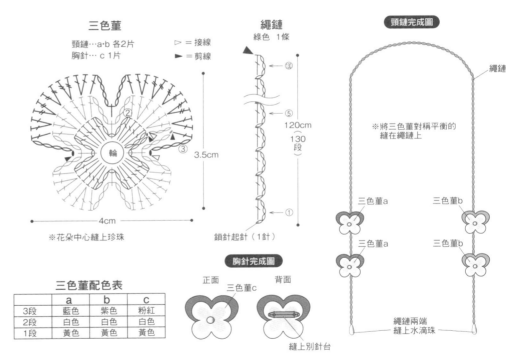

三色菫
頸鏈…a・b 各2片
胸針… c 1片
▷ ＝ 接線
► ＝ 剪線
※花朵中心縫上珍珠
4cm
3.5cm

繩鏈
綠色　1條
鎖針起針（1針）
120cm
130段

三色菫配色表

	a	b	c
3段	藍色	紫色	粉紅
2段	白色	白色	白色
1段	黃色	黃色	黃色

頸鏈完成圖
※將三色菫對稱平衡的縫在繩鏈上
三色菫a
三色菫b
三色菫a
三色菫b
繩鏈兩端縫上水滴珠
繩鏈

胸針完成圖
正面
背面
三色菫c
縫上別針台

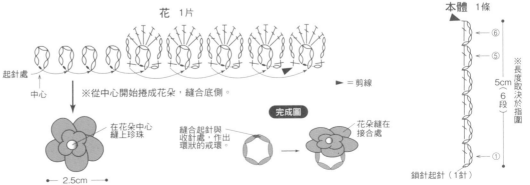

花　1片
起針處
中心
※從中心開始捲成花朵，縫合底側。
► ＝ 剪線
在花朵中心縫上珍珠
2.5cm

完成圖
縫合起針與收針處，作出環狀的戒環。
花朵縫在接合處

本體　1條
鎖針起針（1針）
5cm
6段
※長度取決於指圍

[材料＆工具]
Puppy British Fine 深藍色（5）40g 灰色（21）・綠色（55）各30g 深綠色（34）15g 褐色（37）10g 紅色（13）・黃色（35）・橘色（51）各5g 5/0號鉤針

[花樣織片尺寸] A 直徑7.5cm

[完成尺寸] 寬23cm，長120cm

[鉤織要點]

・以6針鎖針接合成圈的輪狀起針開始，參照織圖依配色換線，鉤織4段的花樣織片A。從第2片開始，鉤織第4段時，一邊鉤織一邊拼接相鄰織片，共鉤織48片。

・取綠色織線鉤織花樣織片B，以6針鎖針接合成圈的輪狀起針開始，一邊鉤織一邊拼接花樣織片A。共鉤織32片。

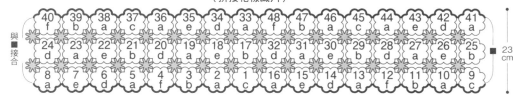

（拼接花樣織片）

與■接合

120cm（16片）

23cm

※數字為鉤織花樣織片的順序

7.5cm 花樣織片A ※參照配色表

花樣織片B（綠色）32片

▷ ＝ 接線
► ＝ 剪線

花樣織片A配色表

	a 16片	b 8片	c 4片	d 8片	e 8片	f 4片
3・4段	深藍	深綠	褐色	綠色	灰色	橘色
2段	灰色	灰色	綠色	灰色	黃色	灰色
1段	紅色	褐色	灰色	深藍	深藍	深綠

花樣織片B

花樣織片A

[材料＆工具]
Hamanaka Alpaca Mohair Fine　灰色（4）
200g
4/0號鉤針

[花樣織片尺寸]　寬9.5cm，長10cm

[完成尺寸]　寬42cm，長133cm

[鉤織要點]
以線頭繞線的輪狀起針開始，參照織圖鉤織
4段的花樣織片。從第2片開始，鉤織第4段
時，一邊鉤織一邊拼接相鄰織片。共鉤織68
片。

（拼接花樣織片）

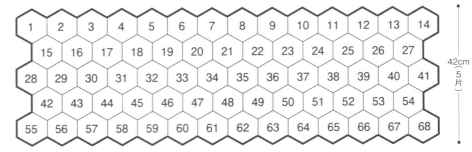

花樣織片
68片

10cm

9.5cm

※數字為鉤織花樣織片的順序

42cm
（5片）

├─ 133cm（14片）─┤

► ＝剪線

[材料＆工具]

Hamanaka Fairlady 50　紫色（106）100g　原色（2）40g　黃綠色（56）35g　粉橘色（51）・奶油色（95）各30g　水藍色（55）・紫紅色（104）・橘色（108）各20g　茶色（39）10g

6/0號鉤針

[花樣織片尺寸]　直徑13cm

[完成尺寸]　寬92cm，長58cm

[鉤織要點]

・以線頭繞線的輪狀起針開始，參照織圖依配色換線，鉤織6段的花樣織片。

・從第2片開始，鉤織第6段時，一邊鉤織一邊拼接相鄰織片。共鉤織29片。

・依織圖在織片間的空隙鉤織鎖針與短針。

・拼接花樣織片後，周圍以原色織線鉤織1段緣編。

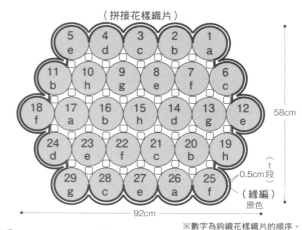

（拼接花樣織片）

92cm　58cm

（1　0.5cm段）

（緣編）原色

※數字為鉤織花樣織片的順序。

—13cm　花樣織片
※參照配色表

□ ＝以紫色進行拼接

花樣織片配色表

		1段	2段	3・4段	5・6段
a	3片	紫紅色	黃綠色	橘色	紫色
b	4片	橘色	黃綠色	原色	紫色
c	4片	水藍色	原色	黃綠色	紫色
d	3片	紫色	橘色	紫紅色	紫色
e	5片	茶色	紫色	奶油色	紫色
f	4片	黃綠色	茶色	粉橘色	紫色
g	3片	粉橘色	奶油色	紫色	原色
h	3片	茶色	粉橘色	水藍色	紫色

▷ ＝接線

► ＝剪線

緣編

[材料＆工具]

Hamanaka Alpaca Villa　米黃色（2）35g
原色（1）25g　Alpaca Mohair Fine　綠色
（5）・粉紅色（11）・玫瑰紅（12）・芥
末黃（14）各12g　松石綠（7）10g
5/0號鉤針

[花樣織片尺寸]　直徑5cm
[完成尺寸]　寬14cm，長120cm
[鉤織要點]

・以線頭繞線的輪狀起針開始，參照織圖依
　配色換線，鉤織4段的花樣織片。
・從第2片開始，鉤織第4段時，一邊鉤織一
　邊拼接相鄰織片。共鉤織69片。

（拼接花樣織片）

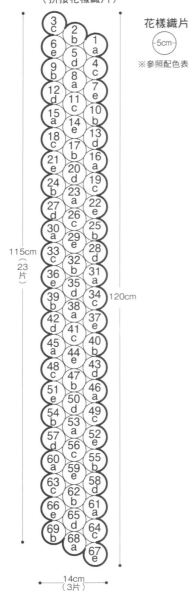

115cm
（23片）

120cm

14cm
（3片）

花樣織片

－5cm－

※參照配色表

花樣織片配色表

	a 14片	b 14片	c 14片	d 13片	e 14片
4段	原色	原色	原色	原色	原色
3段	米黃色	米黃色	米黃色	米黃色	米黃色
1・2段	綠色	粉紅色	芥末黃	松石藍	玫瑰色

▷＝接線
►＝剪線

╀＝同時在前段＆前前段挑束，包裹鉤織。

※第3段的長長針，是從上方跳過前段，
　直接挑前前段的針目鉤織。

※數字為鉤織花樣織片的順序

[材料&工具]
A（四角） Hamanaka Fairlady 50
黃綠色（56）15g 奶油色（95）2g 原色
（2）1g
B（六角） Hamanaka Fairlady 50 灰粉紅
色（82）18g 淺粉紅色（53）3g
C（圓形） Hamanaka Exceed Wool FL〈合
太〉 淺橘色（208）18g 珊瑚粉（239）
3g 白色（201）2g
棉花 適量
A・B 5/0號鉤針 C 4/0號鉤針
[完成尺寸] A 8.5cm×8.5cm
B 長10cm×寬11cm C 直徑10.5cm
[鉤織要點]
A 鎖針起針19針開始鉤織主體，在兩側挑
針，輪編鉤織17段短針。塞入棉花後，將開
口以捲針縫縫合。以線頭繞線的輪狀起針
開始，參照織圖換色線，鉤織3段的花樣織
片，縫在主體上即完成。
B 以線頭繞線的輪狀起針開始，參照織圖
鉤織4段長針的主體，共鉤織2片。主體織片
背面相對，一邊進行半針目的捲針縫一邊塞
入棉花。以6針鎖針接合成圈的輪狀起針開
始，參照織圖依配色換線，鉤織4段的花樣
織片，縫在主體上即完成。
C 以線頭繞線的輪狀起針開始，參照織圖
鉤織4段長針的主體，共鉤織2片。主體織片
背面相對，一邊進行半針目的捲針縫一邊塞
入棉花。以線頭繞線的輪狀起針開始，參照
織圖依配色換線，鉤織5段的花樣織片，縫
在主體上即完成。

主體的組合方法

A

※從主體開口處填入棉花後進行捲針縫。

B・C

※主體背面相對，挑外側半針
進行捲針縫。縫合中途塞入棉花。

完成圖 ※A・B・C共通

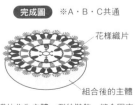

花樣織片
組合後的主體

※織片作為主體一側的裝飾，縫合固定。

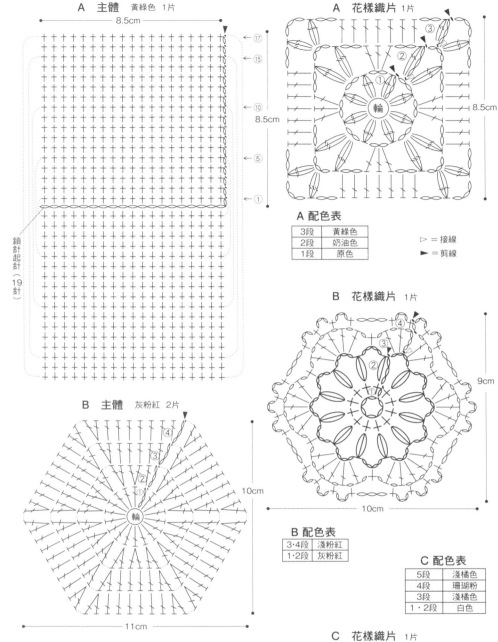

A 主體 黃綠色 1片
8.5cm
鎖針起針（19針）
8.5cm
←17 ←15 ←10 ←5 ←1

A 花樣織片 1片
輪
8.5cm

A 配色表

3段	黃綠色
2段	奶油色
1段	原色

▷ ＝ 接線
► ＝ 剪線

B 花樣織片 1片
9cm
10cm

B 配色表

| 3・4段 | 淺粉紅 |
| 1・2段 | 灰粉紅 |

C 配色表

5段	淺橘色
4段	珊瑚粉
3段	淺橘色
1・2段	白色

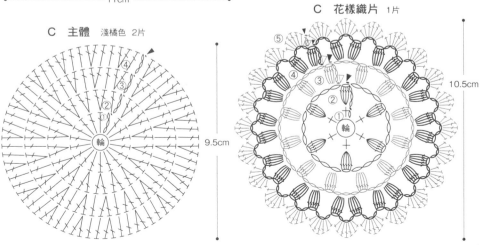

B 主體 灰粉紅 2片
輪
10cm
11cm

C 主體 淺橘色 2片
輪
9.5cm

C 花樣織片 1片
輪
10.5cm

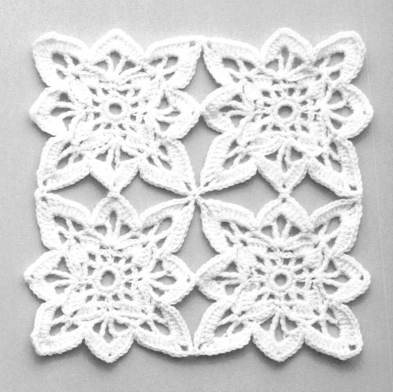
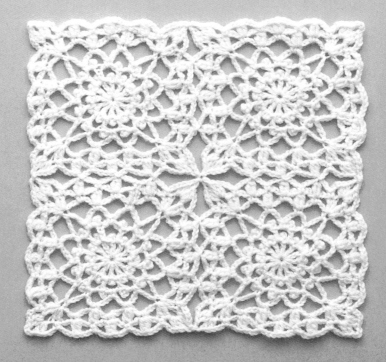

鉤針編織基礎

鉤織起點（起針）

 手指繞線的輪狀起針

1
線頭在左手食指上繞線兩圈。

2
取下線圈，左手掛線，並且以拇指和中指捏住線圈交叉點。鉤針穿入線圈，掛線鉤出。

3
鉤針再次掛線鉤出。

4
完成手指繞線的輪狀起針（此針目不計入針數）。

5
鉤織第1段立起針的鎖針。

6
鉤針穿入起針線圈內，依箭頭指示鉤出織線。

7
鉤針掛線引拔，鉤織短針。

8
完成第1針短針。依相同方法鉤織必要針數。

9
完成第1段6針短針的模樣。

10
完成第1段後，收緊中心的線圈。稍微拉動線頭，找出2條線中連動的那條。

11
拉連動的那條線，即可收緊距離線頭較遠的線圈（靠近線頭的線圈尚未收緊）。

12
拉動線頭，收緊靠近線頭的線圈。

13
第1段的鉤織終點，是挑第1針短針針頭的2條線。

14
鉤針掛線引拔。

15
完成第1段。

 鎖針接合成圈的輪狀起針

1
鉤織必要針數的鎖針（此處為6針）。

2
鉤針穿入第1個鎖針目鉤引拔。

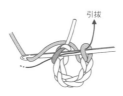

3
挑鎖針半針與裡山，鉤針掛線引拔。

4
鎖針接合成圈。

5
接著鉤織立起針的鎖針。

6
鉤針依箭頭指示穿入輪中，鉤織第1段時將線頭一併包入。

針目記號＆織法

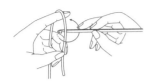

鎖針
最基本的鉤織針法，此外亦作為起針（基底）時的針目。

1 手指掛線約10cm，鉤針置於織線後方，依箭頭方向旋轉一圈，作出1線圈。

2 以拇指與中指固定線圈交叉點，鉤針依箭頭指示掛線。

3 依箭頭指示從線圈中鉤出織線。

4 下拉線頭收緊線圈。這就是邊端針目，此針目不計入針數。

5 鉤針在內，織線在外，鉤針依箭頭指示掛線。

6 鉤針掛線後，從掛在針上的線圈中鉤出織線。

7 掛在針上的線圈底下即是鉤織完成的1針鎖針。鉤針再次掛線鉤出，繼續鉤織。

8 完成3針鎖針的模樣。以相同要領繼續鉤織。

引拔針
輔助性針法，接合針目時也會使用到這種針法。

鉤針掛線直接鉤出。

◎ 鎖針的挑針法

· 挑鎖針裡山

保持鎖狀外形，完成品漂亮的挑針法。

· 挑鎖針半針＆裡山

容易挑針，針目穩定扎實的挑針法。

◎ 針目過多時拆掉起針處的鎖針

鎖針起針時，若鉤織第1段後，發現起針針數不足是無法補救的。因此，建議起針時多鉤數針。鎖針過多時，如圖示拆掉針目即可。

1 此為起針處的鎖針。

2 鉤針穿入與線頭相連的針目織線。

3 繼續挑出鉤織鎖針的線。

4 穿入鉤針，挑出織線。

5 拉線頭即可鬆開鎖針。

※鎖針以外的針法，必須要有起針針目之類作為鉤織針目的基底，才有辦法鉤織。其次，為了統整針目保持相同高度，在鉤織起點必須鉤織稱為「立起針」的鎖針。

╋ 短針
「立起針」為1針鎖針，由於針目太小，不計入針數。

    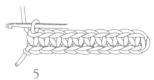

1 鉤織立起針的1針鎖針，挑起針針目的邊端鎖針。

2 鉤針掛線，依箭頭指示鉤出織線。此狀態稱為「未完成的短針」。

3 鉤針掛線，一次引拔掛在針上的2個線圈。

4 完成1針短針。

5 以相同要領繼續鉤織。完成第10針短針的模樣。

⊤ 長針
「立起針」為3針鎖針，立起針計入1針。

1 鉤織立起針的3針鎖針，鉤針先掛線。

2 立起針計入1針，因此要挑起針針目邊端倒數第2針。

3 鉤針掛線，鉤出相當於2鎖針高度的織線。

4 鉤針掛線，依箭頭指示引拔前2個線圈。

   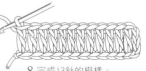

5 此狀態稱為「未完成的長針」。鉤針再次掛線，引拔剩下的2個線圈。

6 完成1針長針。立起針計入1針，因此這時是完成2針。

7 以相同要領繼續鉤織。

8 完成13針的模樣。

中長針

高度介於短針與長針之間的針目。「立起針」為2針鎖針,立起針計入針數。

1 鉤織立起針的2針鎖針,鉤針先掛線,挑起針目邊端倒數第2針。

2 鉤針掛線,鉤出相當於2鎖針高度的織線。

3 此狀態稱為「未完成的中長針」。鉤針掛線,一次引拔針上的3個線圈。

4 完成1針中長針。立起針計入1針,因此這時是完成2針。

長長針

比長針多1針鎖針高度的針目。鉤針掛線2次後開始鉤織。「立起針」為4針鎖針,立起針也計入1針。

1 鉤織立起針的4針鎖針,鉤針先掛線2次,挑起針目邊端倒數第2針。

2 鉤針掛線鉤出。

3 鉤出相當於2鎖針高度的織線。

4 鉤針掛線,依箭頭指示引拔前2個線圈。

5 鉤針掛線,依箭頭指示再次引拔2個線圈。

6 此狀態稱為「未完成的長長針」。鉤針再次掛線,引拔剩下的2個線圈。

7 完成1針長針。立起針計入1針,因此這時是完成2針。

8 鉤針掛線2次,以相同要領繼續鉤織。

三捲長針

   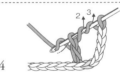

比長針多1針鎖針高度的針目。鉤針掛線3次後開始鉤織。「立起針」為5針鎖針,立起針也計入1針。

1 鉤織立起針的5針鎖針,鉤針先掛線3次。挑起針目邊端倒數第2針。

2 鉤針掛線,鉤出相當於2鎖針高度的織線。

3 鉤針掛線,引拔前2個線圈。

4 鉤針掛線,再次引拔2個線圈。鉤針第3次掛線,同樣引拔2個線圈。

5 此狀態稱為「未完成的三捲長針」。鉤針掛線,引拔剩下的2個線圈。

6 完成1針三捲長針。立起針計入1針,這時是完成2針。

四捲長針

比三捲長針多1針鎖針高度的針目。

1 鉤針先掛線4次,再以三捲長針的要領鉤織針目。

2 每2個線圈引拔一次,總共引拔5次。

短針筋編

僅挑前段鎖狀針頭的半針鉤織,讓另外半針浮凸於織片的鉤織針目。

※往復編時

※輪編鉤織時

1 第1段鉤織普通的短針,第2段(看著織片背面鉤織)挑前段鎖狀針頭的內側半針,鉤織短針。

2 留下半針成為浮凸於織片正面的線條狀,僅挑內側半針鉤織短針。

3 鉤織第3段(看著織片正面鉤織),挑前段鎖狀針頭的外側半針,鉤織短針。

4 完成第4段立起針的模樣。繼續鉤織留下半個針頭在織片正面的筋編。

始終看著織片正面鉤織,皆挑前段鎖狀針頭的外側半針鉤織短針。

116 Basic Technique Guide

加針&減針&其他針目　無論針目種類與針數，加減針的基本鉤織方法都一樣。

 2長針加針（挑針鉤織）

1 鉤織1針長針，鉤針掛線後，穿入同一個位置。

2 再鉤織1針長針。

3 完成2長針加針。針目記號針腳相連時，全都挑同一個針目鉤織。

 2長針加針（挑束鉤織）

1 鉤針穿入前段鎖針下方空間，挑束鉤織長針。鉤針再次穿入同一位置，挑束鉤織另1針長針。

2 完成2長針加針。針目記號針腳分離時，皆是在前段挑束鉤織。

 2短針加針（挑針鉤織）

鉤織1針短針，鉤針穿入同一針目，鉤織另1針短針。

 3長針併針

1 鉤織3針未完成的長針（參照P.115-5），鉤針掛線，依箭頭指示一次引拔針上所有線圈。

2 完成。鉤織下一針即可穩定針目。

※挑束鉤織時

挑前段的鎖針束，鉤織3針未完成的長針，一次引拔針上的所有線圈。

 2短針併針

1 挑針後掛線鉤出，下一針同樣是挑針後掛線鉤出（2針未完成的短針）。鉤針再次掛線，一次引拔掛在針上的3個線圈。

2 完成2短針併針。

 3長針的玉針（挑針鉤織）

1 鉤織未完成的長針（參照P.115-5），在同一個針目鉤織2針未完成的長針。

2 鉤織3針未完成的長針，鉤針掛線，一次引拔掛在針上的所有線圈。

3 完成玉針。針目記號針腳相連時，未完成的長針皆挑同一針目鉤織。

 3長針的玉針（挑束鉤織）

1 針目記號針腳分離時，皆是在前段挑束鉤織。

2 鉤織未完成的長針，在同一個位置再鉤織2針未完成的長針。

3 鉤織3針未完成的長針後，鉤針掛線，一次引拔掛在針上的所有線圈。

 3中長針的玉針（挑針鉤織）

1 鉤針掛線鉤出，鉤織未完成的中長針（參照P.116-3）。重複上述步驟2次，在同一針目鉤織3針未完成的中長針。

2 鉤針掛線，一次引拔掛在針上的7個線圈。

3 完成玉針。鉤織下一針即可穩定針目。完成後，針頭會偏向玉針右側。針目記號針腳相連時，未完成的中長針皆挑同一針目鉤織。

 3中長針的玉針（挑束鉤織）

1 針目記號針腳分離時，皆是在前段挑束鉤織。

2 鉤針掛線鉤出，鉤織未完成的中長針，重複上述步驟2次，鉤織3針未完成的中長針。

3 鉤針掛線，一次引拔掛在針上的7個線圈。

※即使針目改成表引短針等，基本鉤織
方法都相同。挑針時都是橫向穿入記號
彎鉤處針目的針腳，鉤織引上針。

3中長針的變形玉針（挑針鉤織）

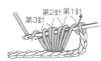 

1 在同一針目鉤織3針未完成的中長針，鉤針掛線，一次引拔掛在針上的前6個線圈。

2 鉤針再次掛線，引拔最後的2個線圈。

3 注意針目位置，完成端正漂亮的玉針。針目記號針腳相連時，未完成的中長針皆挑同一針目鉤織。

表引長針

1 鉤針掛線，如圖示從內側挑針，橫向穿入記號彎鉤（ ♭ ）包住的針目針腳。

2 鉤針掛線，如圖示鉤出長長的織線，接著再次掛線，一次引拔掛在針上的2個線圈。

3 完成表引長針。

3鎖針的引拔結粒針（在長針上鉤織）

1 鉤織3針鎖針，依箭頭指示，挑長針針頭內側1條線與針腳1條線。

2 鉤針掛線，一次引拔長針針腳、針頭、與鉤針上的線圈。

3 完成結粒針。

3鎖針的引拔結粒針（在鎖針上鉤織）

1 直接鉤織結粒針的3鎖針，接著依箭頭方向挑前一個鎖針的半針與裡山。

2 鉤針掛線引拔。

3 完成結粒針。並接續鉤織2鎖針的模樣。

5長針的爆米花針

（挑束鉤織）

※若針目記號針腳相連時，長針皆挑前段同一針目鉤織。

1 鉤針穿入前段鎖針下方空間，挑束鉤織5長針。

2 將鉤針暫時抽出後，由外側穿入最初的長針針頭。

3 鉤針再穿回抽出的第5針，將第5針的線圈從第1針引拔鉤出。

4 鉤1針鎖針，收緊爆米花針。

長針交叉

 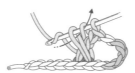  

1 首先鉤織針頭朝右的長針，接著鉤針掛線，挑前一針目。

2 如同包覆先前鉤好的針目般，鉤出織線，依箭頭指示引拔前2個線圈。

3 鉤針再次掛線，引拔最後2個線圈（鉤織長針）。

4 完成交叉長針。

2長針的玉針

（挑短針針腳鉤織）

  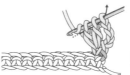 

1 短針後接著鉤織4針鎖針，鉤針掛線，如圖示穿入短針針腳的2條線。

2 鉤織未完成的長針。

3 鉤織2針未完成的長針，鉤針掛線，一次引拔掛在針上的所有線圈。

4 跳過3針之後，挑針鉤織短針。

花樣織片拼接方式

以短針拼接

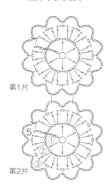

第1片

第2片

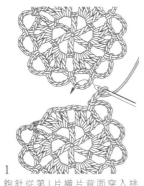
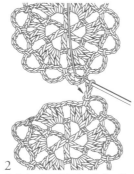
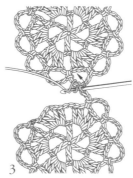
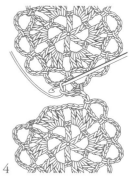

1 鉤針從第1片織片背面穿入挑束。

2 鉤針在正面掛線後,依箭頭指示往背面鉤出織線。

3 鉤針掛線引拔,鉤織短針。

4 完成花樣織片的拼接。繼續鉤織。

以引拔針拼接

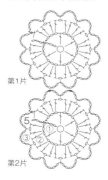

第1片

第2片

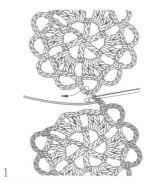
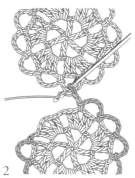
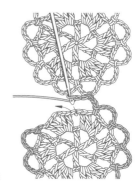

1 鉤針從第1片織片正面穿入挑束。

2 鉤針掛線引拔。

3 完成花樣織片的拼接。繼續鉤織。

以引拔針拼接3片以上的織片

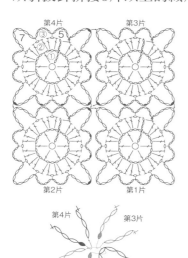

第4片　第3片

第2片　第1片

第4片　第3片

第2片　第1片

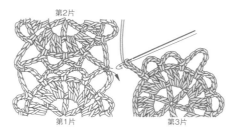

第2片

第1片　第3片

1 拼接第3片時,鉤針依箭頭指示穿入第2片與第1片接合的引拔針針腳2條線,掛線引拔。

2 完成引拔的模樣。繼續鉤織。

第4片　第3片

第2片　第1片

3 拼接第4片時,挑針位置同步驟1,鉤引拔針。

第4片　第3片

第2片　第1片

4 完成引拔的模樣。繼續鉤織。

以長針拼接

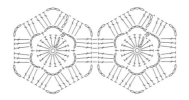

1 鉤織至拼接位置為止，暫時取下鉤針，接著將鉤針穿入第1片織片長針相鄰鎖針的2條線，再穿回原本抽出鉤針的針目。

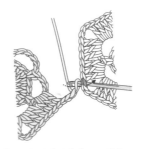

2 將第2片織片的針目，從第1片織片鉤出。

3 鉤針穿入第1片織片的下一個長針針頭，挑2條線。

4 鉤針掛線，依箭頭指示穿入第2片織片。

5 鉤織長針。

6 鉤針穿入第1片織片下一針的長針針頭，一邊鉤織長針一邊拼接織片。

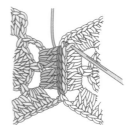

7 織片拼接後的模樣。接著繼續鉤織第2片織片。

以捲針縫拼接
（全針目的捲針縫）

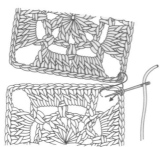

1 毛線針穿入捲針縫用的毛線，兩織片正面朝上並排，縫針由下往上穿入角落中央的鎖針半針，再依箭頭指示穿入上方織片針目。

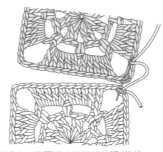

2 分別挑上、下兩織片的鎖針針頭2條線，拉線收緊。

3 如圖示挑鎖針2條線，1針對1針的捲縫拉線。

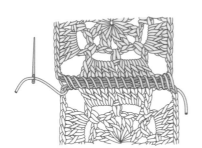

4 長針部分，同樣是挑鎖狀針頭2條線，以相同要領進行捲針縫。

※半針目的捲針縫

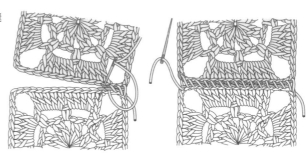

以全針目捲針縫的要領，分別挑上、下兩織片的鎖針或長針針頭1條線，進行捲針縫。

● 樂・鉤織 17

鉤針花樣可愛寶典（暢銷版）
130 款女孩最愛的花樣織片＆拼接小物 28 件

作　　　者／日本 VOGUE 社
譯　　　者／林麗秀
發　行　人／詹慶和
選　書　人／Eliza Elegant Zeal
執　行　編　輯／蔡毓玲
編　　　輯／陳姿伶・劉蕙寧・黃璟安
封　面　設　計／陳麗娜・韓欣恬
美　術　編　輯／周盈汝
內　頁　排　版／造極
出　　版　者／Elegant-Boutique 新手作
發　　行　者／悅智文化事業有限公司
郵政劃撥帳號／19452608
戶　　　名／悅智文化事業有限公司
地　　　址／新北市板橋區板新路 206 號 3 樓
電　　　話／（02）8952-4078
傳　　　真／（02）8952-4084
電　子　信　箱／elegantbooks@msa.hinet.net

2022 年 03 月二版一刷　2016 年 10 月初版　定價 380 元

KAGIBARIAMI NO KAWAII MOTIF 130 & KOMONO (NV70326)
Copyright © NIHON VOGUE-SHA 2015
All rights reserved.
Photographer: Yukari Shirai
Original Japanese edition published in Japan by Nihon Vogue Co., Ltd.
Traditional Chinese translation rights arranged with Nihon Vogue Co., Ltd.
through Keio Cultural Enterprise Co., Ltd.
Traditional Chinese edition copyright © 2016 by Elegant Books Cultural
Enterprise Co., Ltd.

經銷／易可數位行銷股份有限公司
地址／新北市新店區寶橋路 235 巷 6 弄 3 號 5 樓
電話／ (02)8911-0825　傳真／ (02)8911-0801

國家圖書館出版品預行編目資料

鉤針花樣可愛寶典：130 款女孩最愛的花樣織片＆
拼接小物 28 件 / 日本 VOGUE 社編著；林麗秀譯．
-- 二版 . -- 新北市：Elegant-Boutique 新手作出版：
悅智文化事業有限公司發行，2022.03
　面；　公分 . -- (樂・鉤織；17)
譯自：かぎ針編みのかわいいモチーフ 130& 小もの
ISBN　978-957-9623-81-0 (平裝)

1.CST: 編織 2.CST: 手工藝

426.4　　　　　　　　　　　　　111000534

日文版 Staff

書籍設計　　合田彩
攝影　　　　白井由香里
視覺呈現　　鈴木亞希子
模特兒　　　平地レイ
編輯協力　　中村洋子. 中村 亘. 藤村啟子
責任編輯　　谷山亞紀子

材料提供

Hamanaka株式會社　京都本社
http://www.hamanaka.co.jp

株式會社DAIDOH INTERNATIONAL　Puppy
http://www.puppyarn.com

橫田株式會社・Daruma手織線
http://www.daruma-ito.co.jp

DMC株式會社
http://www.dmc-kk.com (web型錄)

Olympus製絲株式會社
http://www.olympus-thread.com

工具提供

CLOVER株式會社
http://www.clover.co.jp/

攝影協力

CARBOOTS
東京都渋谷区代官山町14-5　Silk代官山1F

AWABEES
東京都渋谷区千駄ヶ谷 3-50-11